光的构筑
建筑照明设计

方方 著

江苏凤凰科学技术出版社 · 南京

图书在版编目（CIP）数据

光的构筑 ：建筑照明设计 / 方方著. -- 南京 ：江苏凤凰科学技术出版社，2023.10（2023.11重印）

ISBN 978-7-5713-3774-2

Ⅰ．①光… Ⅱ．①方… Ⅲ．①建筑照明－照明设计 Ⅳ．①TU113.6

中国国家版本馆CIP数据核字(2023)第181191号

光的构筑 建筑照明设计

著 者	方 方	
项 目 策 划	凤凰空间／庞 冬	
责 任 编 辑	赵 研 刘屹立	
特 约 编 辑	庞 冬	

出 版 发 行	江苏凤凰科学技术出版社
出版社地址	南京市湖南路 1 号 A 楼，邮编：210009
出版社网址	http://www.pspress.cn
总 经 销	天津凤凰空间文化传媒有限公司
总经销网址	http://www.ifengspace.cn
印 刷	北京博海升彩色印刷有限公司

开 本	889 mm × 1194 mm 1/16
印 张	14
插 页	4
字 数	179 200
版 次	2023 年 10 月第 1 版
印 次	2023 年 11 月第 2 次印刷

标 准 书 号	ISBN 978-7-5713-3774-2
定 价	228.00 元（精）

图书如有印装质量问题，可随时向销售部调换（电话：022-87893668）。

序一

　　光影可以赋予建筑空间灵魂和生命，是现代空间环境设计的重要元素。随着我国经济建设的发展以及人民生活水平的不断提高，人们对空间光环境的品质提出了越来越高的要求。面对"健康中国"建设和绿色发展的新格局，健康、智能、低碳的可持续发展理念成为当代光环境空间设计中的首选。照明技术的不断发展，给设计师提供了无限的想象空间，也使照明设计方式和手法更加多样化，突显了用光构筑建筑空间环境的优雅与华贵。

　　建筑与光是共生的，光的运用会让不同的建筑空间散发出独特的风采。本书收录了博物馆、大剧院、办公室、书局等不同类型建筑的室内外照明案例。作者结合每一个实际案例，从设计思路、理念、手法等方面进行了详细阐述，探讨光在建筑设计中运用的途径及其呈现效果，以增强建筑的美感与实用性。作者通过设计实践对方案做出了更深的思考和反思，突破了传统照明设计的模式，采用建筑新材料、新构造，大胆运用了有独创性的设计思维和照明手法，可供同业借鉴。

　　书中的案例对光的运用体现了艺术之美、科技之美与自然之美，通过光来塑造建筑形态和构筑空间，使其充满生命力。同时，根据不同建筑风格、建筑造型，巧妙运用不同的照明手法，构筑不同的照明效果，营造出优雅和谐的氛围和各具特色的环境空间。特别是对节点细部使用精雕细琢式的照明手法，彰显了作者一丝不苟的设计追求。

　　作者带领设计团队在十多年的工程实践中不断追求、不断探索、不断创新、不断进步，积累了宝贵的经验，取得了辉煌的成绩，也为年轻照明设计师树立了榜样。

中国建筑科学研究院建筑环境与能源研究院顾问、

总工程师　赵建平

2023 年 6 月于北京

序二

一

这是一本"硬"书。说它"硬",不是说它很难啃——事实上这本书很好读——而是因为关于设计的图书,在所有的写作方式中用案例说话是最"硬"的。它是在用事实和时间说话,还有什么比用经得住时间考验的事实说话更硬气的方式吗?

二

建筑照明设计目前还是小众方向,这两年确实热闹了起来,但还远远不够。行业里不乏浑水摸鱼之辈、投机取巧之人,好在仍有一群对光的事业充满着热爱和激情的人,方方和她的团队就是其中亮眼的存在。这种热爱和激情从字里行间"冒"出来,充满热气腾腾的生命力和感染力。

本书的案例解读,从设计的分析构思,到手法的巧思妙想、疑难的推敲解决、项目的落地、效果的最终呈现,能让你学到很多东西。阅读的过程也是愉悦的,让人有在现场的感觉,看一群有心人做快乐的事。

三

法语里有句谚语:C'est La vie(这就是生活)。设计这个行业或者设计师的工作,由于各种原因,往往充满着妥协和无奈,因此很多设计师渐渐失去了对自己的要求,以及对作品的追求,以完成任务式的设计加以回应,"这就是你要的"。在方方和她团队的作品里,我发现了与这种现状不一样的精神和态度。

他们不断在追问:这个建筑应该有什么样的光?这个空间应该有什么样的光?这个结构、造型、材质应该怎么表达?……在他们看来,照明设计的需求不仅仅是业主或建筑设计师提出来的需求,而且是建筑、空间、结构、造型、材质……这些元素在表达各自的需求。这让我想起路易斯·康——那个和砖对话的人,"砖,你想成为什么?"砖说:"我喜欢拱。"

或许,最好的设计本身就在那里。好的设计师只是通过不断发问:"非如此不可?""非如此不可!"最后将它呈现出来。

四

我个人的设计主张是"需求导向,科学设计,效果交付",这也是全景光设计的价值理念。如果要分个派别的话,那么我应该是科学设计派。前两天同事发给我一张他在展会上拍的某设计师的演讲照片,屏幕上的话我深有同感:"好的设计应是客观的,设计的结果可以是美的、艺术的,但设计的过程是科学严谨的。"

心有戚戚焉。与我读这本书的感觉一样,希望方方和她的团队读到这句话时,也有同感。希望读者读这本书时,也有同感。

云知光创始人、全景光设计理论和实践体系开创者
曹传双
2023年6月

前言

在过去的十几年里，我没有设定过宏伟的目标，凭着一腔热爱走到了今天。我并不打算谦虚地说我没有取得成就，事实上，我非常幸运地收获和成长良多。这本书是我一路行来的心血结晶，我希望能在行业做出一些贡献，能为年轻人提供一些帮助。

经过这些年的努力和奋斗，我有幸参与了各种引人注目的项目，包括商业空间、地产、办公空间、公共文化建筑等，见证了城市一步步焕发生机，也目睹了行业的风起云涌，这让我更加坚信"变化是永恒"的法则。然而，时代在加速前进，人们却越来越没有耐心，但我坚信专注和独特的视角仍然具有无可替代的价值。

对我来说，设计不仅是一项工作，更是一种追求。它需要我们发挥自由而富有创造力的思维，又需要脚踏实地、理性地让项目实现最好的效果。在这个过程中，我体验了寂寞和成就的交织。世事喧嚣，诱惑不断，坚持不懈地磨砺自己，不断追求卓越并不是一件容易的事情，但我们坚持了十几年。

我的职业生涯经历了从厂家设计师、工程公司设计师，到创立自己的设计事务所，再到最终加入一家备受赞誉的大型设计院的转变。这些角色转变的过程并不容易，每个角色都带给我独特的体验和领悟。将这些年的经历和心得总结成书，不仅是对自己的交代，更是向合作伙伴、与我共事以及曾经相遇的人们致以敬意。

在此，我衷心感谢与我一同走过风雨的团队伙伴，也特别感谢我的婆婆任处则女士多年来对家庭的默默支持，让我能够全身心地投入到工作中。最后，感谢所有与我交流过、带给我启发以及与我相伴的人。正是因为你们的存在，我才得以不断成长，不断追求更高的境界。

方方

2023 年 6 月于杭州

目录

杭州国家版本馆

建筑、室内、景观照明设计

照明设计：方方、易宗辉、李威、史鸿聪、钱益航
建筑设计：业余建筑工作室（王澍、陆文宇）
施工图设计：浙江省建筑设计研究院
委　托　方：中共浙江省委宣传部
项目地点：浙江省杭州市
设计时间：2020 年
竣工时间：2022 年
建筑面积：103 100 ㎡

杭州国家版本馆又名"文润阁""中国国家版本馆杭州分馆"，位于浙江省杭州市余杭区文润路 1 号，为中国国家版本馆的组成部分。总建筑面积为 103 100 ㎡，是中国国家版本馆总馆异地灾备库、江南特色版本库，以及华东地区版本资源集聚中心。

本案的主创建筑师是普利兹克奖得主王澍和陆文宇。自从和两位老师合作的第一个项目"水岸山居"起，到 2022 年正好是第 10 年。这 10 年里，我们经历了从"形态"到"意识"的设计思维转变，在积累了大量经验后，恰时机成熟，能承担这个项目的照明设计是非常幸运的事情。

在这个项目中我们承担了建筑、室内、景观照明的设计工作，从深化设计到竣工只有 23 个月。在时间如此紧张的情况下，承担施工图任务的 15 个专业人员不间断驻场设计，图纸设计和现场施工进度同步进行。照明作为较末端的效果类专业，预理工作却要与土建施工周期同步进行，整个项目的挑战和难度前所未有。

在传统的照明项目中，建筑照明多用于凸显建筑本身的特色或彰显个性，室内照明主要考虑实际应用的舒适性，景观照明多考虑行进动线的合理方便以及树木或小景的造型。这个项目的建筑特点除了需要兼顾以上"各自为政"的范畴、保证彼此衔接流畅，还需考虑其艺术性的表达。

西入口竣工照（摄影：王大丑）

思路

主创团队以"宋韵"为设计主题，场地也和北宋画家范宽《溪山行旅图》中所描绘的高阔山体有着相似的造型特征。项目南部为靠山面水的中式园林，北部坐落更多的建筑，南北两处被贯穿其中的连廊接通。在南部靠山位置设置的绕山廊，既可以阻挡落石，也串起了南区的构筑物，整个建筑的内外是流动而鲜活的。我们希望项目的室内外照明能形成流畅的光线韵律。

范宽《溪山行旅图》

绕山廊日景
（摄影：王大丑）

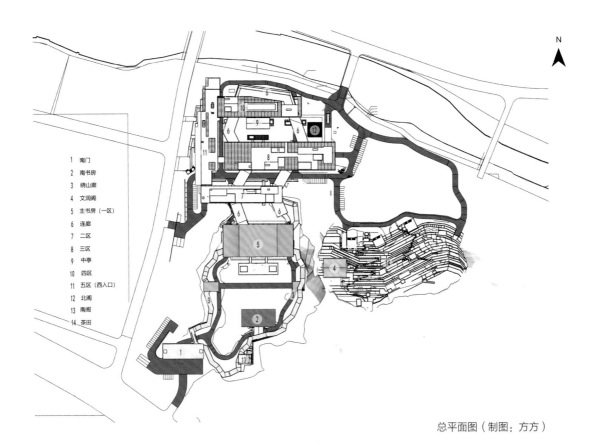

<table>
<tr><td>1</td><td>南门</td></tr>
<tr><td>2</td><td>南书房</td></tr>
<tr><td>3</td><td>绕山廊</td></tr>
<tr><td>4</td><td>文润阁</td></tr>
<tr><td>5</td><td>主书房（一区）</td></tr>
<tr><td>6</td><td>连廊</td></tr>
<tr><td>7</td><td>二区</td></tr>
<tr><td>8</td><td>三区</td></tr>
<tr><td>9</td><td>中亭</td></tr>
<tr><td>10</td><td>四区</td></tr>
<tr><td>11</td><td>五区（西入口）</td></tr>
<tr><td>12</td><td>北阁</td></tr>
<tr><td>13</td><td>南阁</td></tr>
<tr><td>14</td><td>茶田</td></tr>
</table>

N

总平面图（制图：方方）

主书房背面（大木构、青瓷屏扇、夯土墙）（摄影：王大丑）

设计伊始，王澍老师即明确提出："建筑是主体，灯光不要太亮，要暗而雅，要见光不见灯。"纵观整个项目的组成元素，从室外观赏的角度，我们可以看见建筑外观造型（青铜板屋顶、青瓷屏扇、清水混凝土肌理立面、夯土立面、密肋梁、木构建筑、内透玻璃等）、灰空间（木构屋架、夯土立面、清水混凝土肌理立面等）和内透部分（木构建筑、透明玻璃、青瓷核心筒等）。

建筑师用超高的控制力，以现代的建造手法举重若轻地处理如此复杂的元素，打造能令人徜徉其中，感觉自然之妙而不匠气的作品。对照明设计来说，要将如此多不同反射率的元素融合在令人舒适的亮度氛围内，所使用的手法就不能拘泥于具体的形态。

我们认为照明设计的使命是让观众和使用者忘记灯光的存在，灯光应该对被表现物的夜晚状态负责。对应本项目，照明所起的作用只是按照我们理解的逻辑，把建筑、景物、使用便捷性按照空间的特性梳理一遍，表现出建筑和空间的气质。以主书房为界，我们把全案分为南区和北区两个部分。

南区

在南区，绕山廊围合的内院景致林立，主角是坐北朝南的主书房。这里是一个回字形结构，内圈墙面为夯土材质，外圈南面为整排青瓷屏扇。内部顶面是从内部延伸而出的木构屋架，外部顶面是青铜板覆盖的山形双曲面屋顶。

主书房的立面元素非常丰富，青瓷屏扇开启时，正面可见背后透出的黄色夯土墙面以及从玻璃中映出的内部夯土和木构屋架。顶面的木构屋架是最重要的内外部融合元素，我们将两条防眩柔性大功率灯带暗藏于主梁内，外部利用地面朝上给予夯土墙的洗墙线条灯，补充木架底部的照明，使其结构更加立体鲜明。在王澍老师的建议下，我们又在正立面桁架上方增加了一排偏配光线条灯，照向木架。通过多种手法将构件照亮，并提供行人通行所需的照度条件。

在主书房的中厅内，根据展览和实用需求，补充了顶面朝下的直接照明；而青铜板屋顶的两个山尖，则通过屋顶的 6 盏射灯将其结构半明半暗地表现出来。此处构筑物使用的照明设备不下 10 种，对于这个结构如此丰富的项目来说，精雕细琢式的照明手法更为合适。

另一处重要建筑是南书房，建筑师未采用传统的攒尖顶或歇山顶，而采用悬山顶的形式，两侧山墙却是镂空的，从外部任何角度都能看见明露的月梁、小梁和各种榫卯构件。不仅如此，朝北面观赏主书房的落地玻璃是升降式的，其顶面是全玻璃的，可以看见顶面结构，可根据四时变换调整南书房内外通透的形式。

主书房正面视角全景（摄影：王大丑）

主书房正面视角局部（摄影：王大丑）

南书房回廊视角（此玻璃门可升降）（摄影：王大丑）

从南大门背面位置看南书房（摄影：王大丑）

从主书房位置看南书房（摄影：王大丑）

从主书房位置东侧看南书房（摄影：王大丑）

南书房的建筑设计意在表现景色之美。如果看见明晃晃的光斑，一定会影响人们对夜景的观感，因此我们以内透照明手法呈现夜景外观。为了达到内外通透、浑然一体的效果，除了严格控制灯具的安装位置和亮度外，还要隐蔽管线，但木构建筑的管线隐蔽除了上部环形穿行，还有上下交出的问题。为了解决这个问题，涉及管线的木构都要提前画好图纸，在工厂开孔槽，现场组装也不能出错。处理中亭和文润阁的时候，也遇见了同样的问题，一个层高面的交出线问题，甚至需要十几张图纸来说明。

除了建筑，南区最重要的是绕山廊以及山体本身和建筑产生的围合关系。其夜景的呈现也少不了光线，但这里的亮度层级比建筑主体要低很多，作用是烘托整体的氛围，让人感受园林夜景的静谧。山上的文润阁具有总领全局的作用，我们对其屋顶、核心筒、青瓷屏扇进行了亮度加强，保证从 2 km 远的地方观看，此处仍如灯塔般明亮。

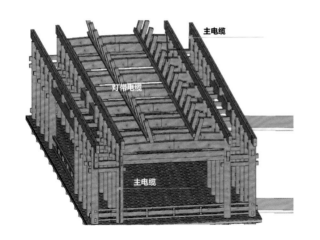

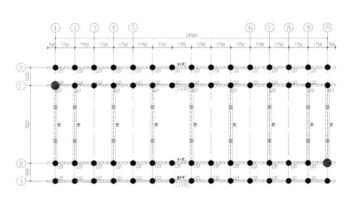

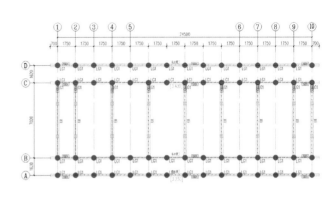

中亭走线说明图（制图：易宗辉）

注：本书图中所注尺寸单位均为毫米。

文润阁夜景（摄影：王大丑）

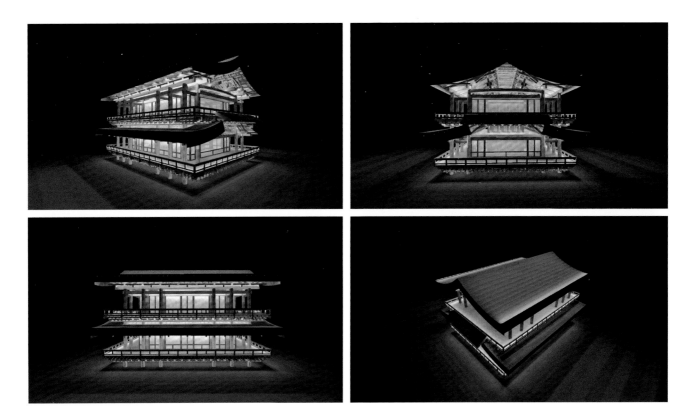

文润阁照明计算模拟图（制图：李威）

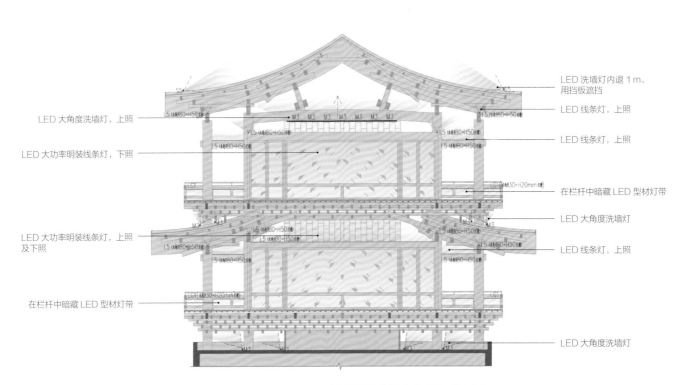

LED 洗墙灯内退 1 m，用挡板遮挡

LED 大角度洗墙灯，上照

LED 线条灯，上照

LED 大功率明装线条灯，下照

LED 线条灯，上照

在栏杆中暗藏 LED 型材灯带

LED 大角度洗墙灯

LED 大功率明装线条灯，上照及下照

LED 线条灯，上照

在栏杆中暗藏 LED 型材灯带

LED 大角度洗墙灯

文润阁立面光晕图（制图：易宗辉）

北区

如果说南区的设计旨在表达园林意趣，那么北区则是"建筑语言的狂欢"。这里的建筑材料更加丰富，仅清水混凝土肌理立面就有干挂竹纹立面、现浇竹纹立面、现浇木纹立面等。除了立面，还有曲面木纹现浇屋顶，照明手法在这里需要有所收敛。

北区各种立面和平面呈现的肌理错综复杂，虽然和南区的材料基本一致，却更加密集。对北区建筑的照明处理方式虽然和南区接近，但最后一次现场调试时，王澍老师和陆文宇老师建议降低亮度。根据被照面的空间逻辑，亮度调整为 50%、30%、15% 不等。

北区最有趣的景致环绕水池而建，中亭四面环水，水池四周是一圈清水混凝土墙面和青瓷屏扇，以及在水面之上的连廊。王澍老师对此的设想是月台和中亭内部都可以进行演出（调试阶段，我们在此欣赏了一场美妙的洞箫表演）。此处白天池水波光粼粼，十分美妙。因此，我们未处理悬浮在水面上的照明结构，而是把重心调整到立面和顶面，这样最终倒影与建筑形成闭合的构图。

北阁是北区水池靠东侧的建筑，也是唯一一处以全透明玻璃为立面主要材料的建筑体。照明主要用来表现内部核心筒和顶面木构，以及青瓷屏扇和木构之间的对比和穿插关系。

北区建筑构件复杂，多以较精细的方式处理细部结构的照明。在外部西入口位置的下挂密肋梁，因其从内部向外部的贯穿关系，在外部我们使用了暗藏在梁顶的线条灯，斜向照亮对面的下挂梁侧。因顶面材质为玻璃，为了避免行人视角反光的高亮度干扰构件的亮度表现，根据现场试验结果，后退了 70 cm 的距离。内部的密肋梁部分，为了保证馆内的照度标准，使用了下挂的上、下出光线条灯，兼顾了实用性和对建筑特征的表达。

从三区回廊视角看中亭 1（摄影：王大丑）

从连廊视角看中亭
（摄影：王大丑）

从三区回廊视角看中亭 2（摄影：王大丑）

中亭日景
（摄影：王大丑）

从北面看北阁（夜景）（摄影：王大丑）

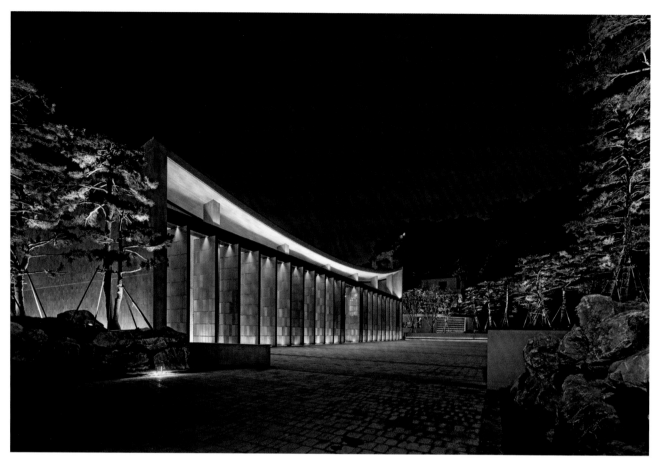

南大门侧面视角（摄影：王大丑）

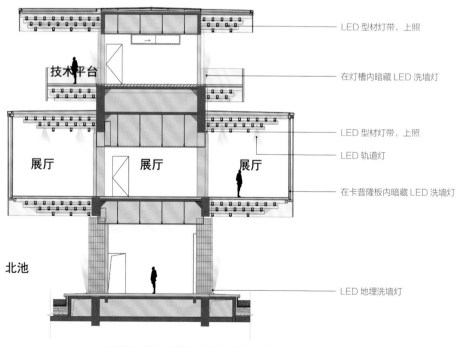

技术平台

展厅　　　展厅　　　展厅

北池

LED 型材灯带，上照

在灯槽内暗藏 LED 洗墙灯

LED 型材灯带，上照

LED 轨道灯

在卡普隆板内暗藏 LED 洗墙灯

LED 地埋洗墙灯

北阁灯光位置示意图（制图：易宗辉）

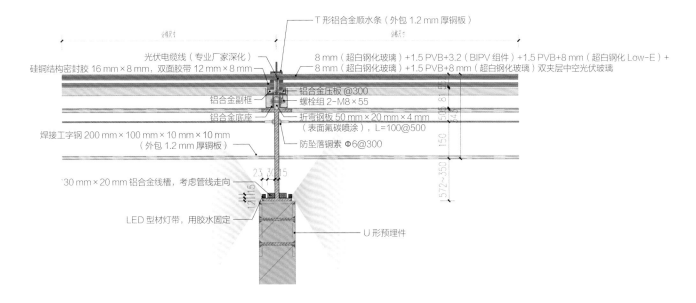

T 形铝合金顺水条（外包 1.2 mm 厚铜板）

光伏电缆线（专业厂家深化）

8 mm（超白钢化玻璃）+1.5 PVB+3.2（BIPV 组件）+1.5 PVB+8 mm（超白钢化 Low-E）+
8 mm（超白钢化玻璃）+1.5 PVB+8 mm（超白钢化玻璃）双夹层中空光伏玻璃

硅铜结构密封胶 16 mm×8 mm，双面胶带 12 mm×8 mm

铝合金压板 @300

铝合金副框

螺栓组 2-M8×55

铝合金底座

折弯钢板 50 mm×20 mm×4 mm
（表面氟碳喷涂），L=100@500

焊接工字钢 200 mm×100 mm×10 mm×10 mm
（外包 1.2 mm 厚铜板）

防坠落铜索 Φ6@300

30 mm×20 mm 铝合金线槽，考虑管线走向

LED 型材灯带，用胶水固定

U 形预埋件

密肋梁灯光位置示意图（制图：易宗辉）

北池西侧（五区背面）（摄影：王大丑）

现场

竹纹肌理部分地埋洗墙灯

我从事照明设计工作已 16 年，杭州国家版本馆是迄今为止我经手过的最难的项目。首先，时间紧张，在整个建造周期中，设计和施工几乎是同期展开的，这在以往的项目历程中几乎不可能。对照明设计来说，常规项目从概念方案—深化方案—点位图纸—节点图纸，到中途各专业交错复核，需按顺序推敲下去。在这个项目中，我们的执行策略是大的概念方案需提交主创团队确认，每一处构筑物的做法都需要做三维灯光模拟，并在和主创团队明确效果、安装节点、设备清单等之后，紧跟施工节点，在现场交底。不仅如此，还要每天巡场，发现问题及时与各合作单位沟通。包括主创团队在内的所有专业人员的交叉作业像一台精密的仪器一样，不能有一点拖沓和错误。

其次，很多材料和做法前所未见，譬如对青瓷屏扇的处理，南大门是整个项目中被作为样板段建造的第一个单体构筑物。南大门试样的材料包括木构屋架、现浇曲面木纹屋顶、旋转青瓷屏扇、竹纹清水立面、青铜板屋面等。在室内，我们采用了上、下出光线条的照明方式，该方式不仅可以提供均匀的工作照明，还能洗亮顶面的纹理。建筑照明部分，我们理解青瓷屏扇的半开半合之间应该露出来背后隐约的清水混凝土立面。因为在设计逻辑上，清水混凝土肌理需要的照明强度要超过外部青瓷屏扇，所以在竹纹肌理部分，我们采用了地埋洗墙灯的做法。

关于青瓷屏扇的照明方式，考虑青瓷屏扇打开后，需要有通行功能，不能使用有眩光污染的灯具，且青瓷面反光。我们提交了两种方案，一种是在青瓷屏扇前中缝地面间隔小的地方嵌入直径为 30 mm 的圆形小功率防眩射灯；另一种是将外壳防护等级为 IP68 的通长可控软管线条灯嵌入金属槽内。在主创团队的指挥下我们选择了第二种方案。最终的效果符合预期，青瓷屏扇若隐若现地透出背后的肌理灯光，两者共同形成了丰富的立面效果。

南大门照明计算灰度图（地埋线条
灯方案）（制图：李威）

南大门照明计算灰度图（地埋点状
灯方案）（制图：李威）

南大门竣工照（摄影：王大丑）

所有材料中，对木构屋架照明方式的取舍是最困难的，经历了多次现场实体样板试样。早在 2012 年的"水岸山居"项目中，主创团队已经使用过大面积木构屋架。当年我们采用的是大功率外部照明的方式，因为项目具有完美的设备安装条件——木构屋架屋顶的位置是夯土墙，在墙垛上我们使用了大功率的投光灯两侧对向照明，形成几乎没有阴影的热烈氛围。

10 年后的本案从功能到要求都和"水岸山居"项目差异较大，我们理解的杭州国家版本馆照明氛围，是求"暗"和求"退"，对木构屋架的照明，我们建立了模型进行推算，发现如此密集的结构需要从内部和外部同时进行照明才能达到光影协调的效果。经过多次现场试验，最终在弯曲的 U 形主梁内空隙中暗藏了两条定制软管朝下照明，外部补充朝上的直接照明，室内主书房的木构屋架外补光来自钢索外部和夯土墙部分的朝上洗墙灯，室外的外部补光来自洗亮清水混凝土肌理立面的地埋洗墙灯。

几种木构现场试灯（摄影：方方）

"水岸山居"项目现场（摄影：方方）

主书房照明计算灰度图（制图：李威）

主书房照明设计效果图

基本上每个安装节点，我们都进行过现场试样，特殊项目的现场试样是发现问题的重要手段。在木构的现场试样中，我们发现实际采用的木料偏红。如果按照室内统一色温 3000 K，则木构部分的整体色温偏暖，与其他区域不协调，所以现场木构部分设备采用了 3500 K 色温。

因项目的特殊性，我们使用了较多的定制灯具，比如西区田字梁底部的双出光线条灯，一侧打向梁底板，另一侧打向地面。在使用率不高的地方，我们还使用了感应式定制灯具。虽然点状灯数量不多，但需要被特别隐藏在清水底板预留孔内。为了实现多场景的应用需求，建筑部分和室内部分采用了控制系统，根据实际情况，调整使用方法，可以在面板上实现简便调控。

在这个项目中，我们所采用的照明手法的核心意义在于隐蔽灯光，通过表达建筑、景观、材质、空间的关系，营造夜晚的氛围。我们用了很多之前没有机会用的设计

手法，最后呈现的效果远超预期。主创团队王澍老师和陆文宇老师对作品的探索精神、各合作单位的敬业精神都让我们获益匪浅。

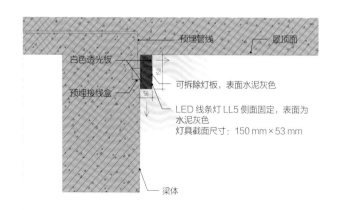

五区二楼双向出光线条灯节点图（制图：易宗辉）

五区二楼内部（摄影：王大丑）

三区青石花格砌夜景（摄影：王大丑）

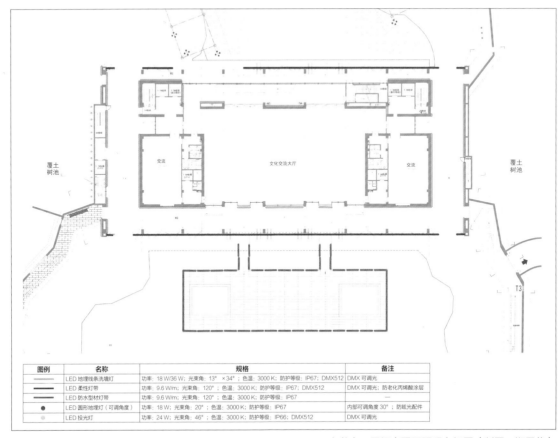

图例	名称	规格	备注
	LED 地埋线条洗墙灯	功率：18 W/36 W；光束角：13°×34°；色温：3000 K；防护等级：IP67；DMX512	DMX 可调光
	LED 柔性灯带	功率：9.6 W/m；光束角：120°；色温：3000 K；防护等级：IP67；DMX512	DMX 可调光；防老化丙烯酸涂层
	LED 防水型材灯带	功率：9.6 W/m；光束角：120°；色温：3000 K；防护等级：IP67	
●	LED 圆形地埋灯（可调角度）	功率：18 W；光束角：20°；色温：3000 K；防护等级：IP67	内部可调角度 30°；防眩光配件
●	LED 投光灯	功率：24 W；光束角：46°；色温：3000 K；防护等级：IP66；DMX512	DMX 可调光

主书房一层组合平面照明布灯图（制图：郑雯俊）

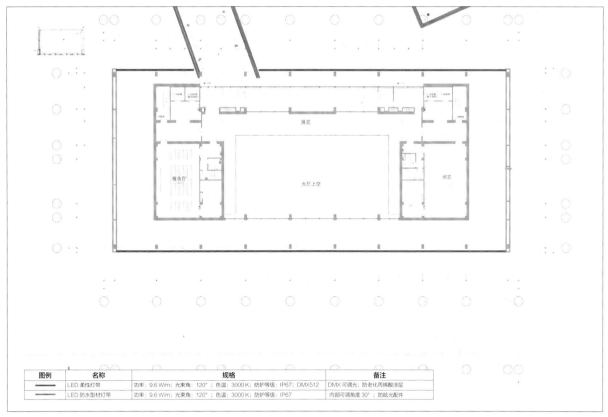

图例	名称	规格	备注
	LED 柔性灯带	功率：9.6 W/m；光束角：120°；色温：3000 K；防护等级：IP67；DMX512	DMX 可调光；防老化丙烯酸涂层
	LED 防水型材灯带	功率：9.6 W/m；光束角：120°；色温：3000 K；防护等级：IP67	内部可调角度 30°；防眩光配件

主书房二层组合平面照明布灯图（制图：郑雯俊）

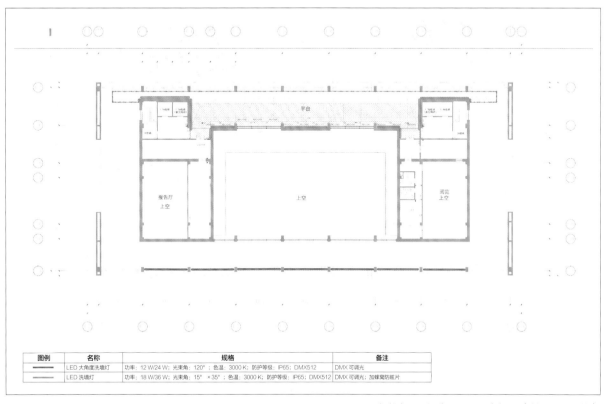

图例	名称	规格	备注
	LED 大角度洗墙灯	功率：12 W/24 W；光束角：120°；色温：3000 K；防护等级：IP65；DMX512	DMX 可调光
	LED 洗墙灯	功率：18 W/36 W；光束角：15° ×35°；色温：3000 K；防护等级：IP65；DMX512	DMX 可调光；加蜂窝防眩片

主书房三层组合平面照明布灯图（制图：郑雯俊）

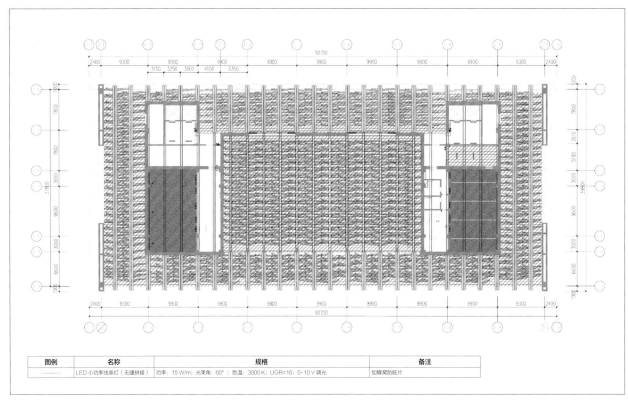

图例	名称	规格	备注
———	LED 小功率线条灯（无缝拼接）	功率：15 W/m；光束角：60°；色温：3000 K；UGR<16；0-10 V 调光	加蜂窝防眩片

主书房三层顶面照明布灯图（制图：郑雯俊）

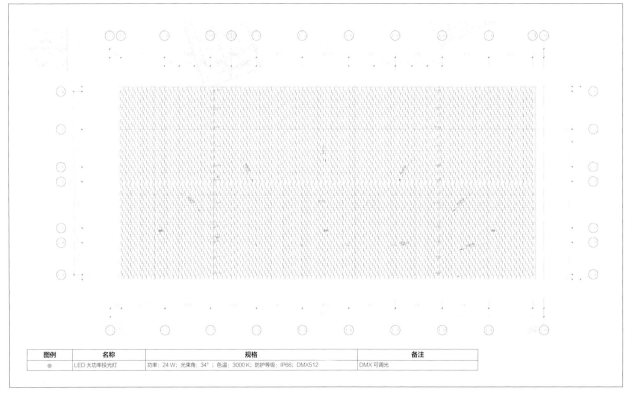

图例	名称	规格	备注
●	LED 大功率投光灯	功率：24 W；光束角：34°；色温：3000 K；防护等级：IP66；DMX512	DMX 可调光

主书房屋顶组合平面照明布灯图（制图：郑雯俊）

线条灯在室内照明中的应用形式

线条灯具作为功能性、定制性较强的产品，是室内照明中不可或缺的组成部分，常见的线条灯有以下几种形式：

●下出光线条灯

灯光从上往下照射，可根据现场安装高度及被照物，选择合适的角度和灯具功率。通常分嵌入式和明装式两种，常用于办公室桌面照明、较高空间的基础照明、公共空间的装饰照明等。

●上出光线条灯

以吊装或壁装为主，灯光通过上照漫反射带来均匀的光线，照亮整个空间，以柔和的灯光点亮空间，避免眩光，是实现"见光不见灯"的重要手段。

●上、下出光线条灯

结合上照间接照明和下照直接照明方式，既保证工作面的亮度，又给空间增添了氛围感。上、下出光的线条灯可以通过隐藏的形式弱化灯具的存在感，强化整个空间灯光的立体感。

●下、侧出光线条灯

一般均为定制产品，根据空间需求进行出光形式、灯具配光设计，满足基础照明的同时，还兼顾氛围照明。灯具为明装，将多个照射方向的需求合并到一条灯具内。

● 360°出光线条灯

通过自发光，全方位发散性照明，常用于装饰性照明，如酒吧、酒店、餐厅等需要做装饰性照明的空间。

下出光线条灯	上出光线条灯	上、下出光线条灯	下、侧出光线条灯	360°出光线条灯

不同形式线条灯出光示意图（制图：易宗辉）

富春山馆

建筑、室内照明设计

照明设计：方方、付勇、易宗辉、严嘉炯
建筑设计：业余建筑工作室（王澍、陆文宇）
深化设计：中国美术学院风景建筑设计研究总院
委　托　方：富春山居集团
项目地点：浙江省杭州市
设计时间：2014 年
竣工时间：2017 年
建筑面积：22 000 ㎡

　　元顺帝至正十年（1350 年），已经 80 多岁的黄公望终于完成了巨作《富春山居图》。作品描述了富春江两岸的秋景，笔法上取董源、巨然，又自出新意，似平而实奇，整个画面似有一种仙风道骨之神韵。

　　2011 年，浙江省博物馆和台北故宫博物院在台北故宫博物院联合主办了"山水合璧——黄公望与富春山居图"特展。浙江省博物馆馆藏的《剩山图》与台北故宫博物院院藏《无用师卷》终于重逢。参展的富阳代表团一行却在期待《富春山居图》何时才能再回到它的诞生地——富春江畔展览。当时的富阳没有可供大型艺术展览活动使用的场所，因此当地政府邀请王澍老师和陆文

宇老师，在富春江畔建造一座集博物馆、美术馆、档案馆为一体的"富春山馆"。工程计划投资 5 亿元，占地面积约 30 000 ㎡，位于富春江畔，背靠东吴文化公园，临富春江而望云卷云舒。

　　我们承担了本案的建筑和室内照明设计，很幸运在开工伊始就参与建设。对于照明设计来说，越早参与设计过程，越能确保效果的实现，以及尽早预判可能发生的问题。设计之初，我们就建立了整个项目的简要模型，然后细细推敲，勘测场地周边环境，尝试理解建筑师设计房子时是怎样思考的、他想表现什么、建筑风格来源于哪里，以及我们理解和想表达的是否是建筑师和使用者所关心的。

室内竣工效果图（摄影：雷徐君）

明显可以看出建筑设计受《富春山居图》的影响，建筑语言与图画所表达的"清真秀拔、繁简得中"的阔远之境一脉相承。黄公望 50 岁才开始精研画艺，以道境入画境，不因不平的境遇而郁郁，也不因年龄的增长而固守成规，多次变法求真，至 80 岁才达到艺术顶峰。王澍老师和陆文宇老师获普利兹克奖前，一直过着近乎隐士的生活。时代造就了大师，大师的作品又重新书写了时代。

理念

富春山馆的文化背景已如此复杂，结合大气开阔的建筑风格，任何涂脂抹粉式的照明手法都不妥当。照明设计要解决的只是功能性照明问题，当灯光与建筑相会时，观众不应只注意灯光本身，建筑照明应该是照明设计师对建筑夜晚形象的重新思考和表达。

《富春山居图》采用阔远的构图方法，纵情挥洒，表现山林水面的超然脱俗，以边皴边勾的笔法表现树木的挺拔、恣意。观其意境，是黄公望历经生活沧桑之后的开阔胸襟，本案的建筑风格与其一脉相承。

大型公共建筑照明应该亮度对比舒适、韵律和谐、疏密得体。建筑从《富春山居图》中得来的挺拔优雅的风格需要通过照明设计在夜晚得以表达。我们首先梳理了红线以内的夜景边缘，每个重要节点都是夜景的"筋骨"，从两纵一横的建筑结构关系来看，把白色办公区的外墙作为建筑整体的背景。对边界的设定，可以保证整体建筑和照明语言结合的完整性。照明的关系是完整而清晰的，既不会向外无限扩散，也能兼顾夜景构图中的"负形"。

设计手法（建筑）

从建筑夜晚的亮度层次来看，外围的组成是场所感首要处理的对象。比如对西入口的处理，屋顶线条的间接照明方式强调从观察点所看到的画面的均衡感，白色的办公区背景墙在立面关系上作为背景，烘托前景线条。块面和线条之间和谐而富有美感，其关系因屋顶线条的走势而具有张力。

参观动线自西向东，下一个重要的表达节点是观山阁。"重屋为楼，四敞为阁"，作为临江的观景建筑，观山阁具有观景点与景点两重身份。建筑外观以核心筒外包格栅组成叠加状体块为特点，我们在做照明方案时，讨论了三种具体的表达方式：第一种方案，强调内核心筒，对外部格栅不做过多处理，形成剪影效果；第二种方案，弱化核心筒，表达其与格栅分离的关系，形成上下贯通的竖向结构特征；第三种方案，内外皆有光，形成有背景、有重点的照明方式，主要强调其景点的身份，最终王澍老师选择了第三种方案。

从外部看，观山阁是三个交错的发光盒，而从庭院内部临水看过去，观山阁与戏台一起临水照影，能形成穿透空间的视觉效果。这部分建筑设计引大江为背景，照明设计要同时关注戏台和水池、戏台和观看广场的关系。我们未使用半室内空间常用的直接照明手法，而是利用夯土墙与屋顶的分离关系，设计了偏配光的灯具，洗亮屋顶，以屋顶反光向下照亮建筑结构，并设计了防眩光结构。弱化临水底部的照明，使建筑和倒影合二为一。这里没有朝下照明的光线，我们将线条形偏配光灯具安置在夯土墙墙垛上，朝上进行照明。如此从水面倒影中所看见的就是戏台的曲面清水屋顶和木构屋架。

总平面图（制图：易宗辉）

1	门卫一
2	曲桥
3	大巴落客区
4	广场
5	月台
6	博物馆、美术馆
7	屋顶接待用房
8	山亭
9	屋顶平台
10	档案馆
11	会议室
12	办公楼
13	戏台
14	接待用房
15	观山阁
16	自行车棚
17	门卫二

结构亮度提示　　背景亮度　　通行基础亮度　　轮廓照明　　通行基础亮度　　景观亮度　　装饰亮度　　通行基础亮度　　亮度最高

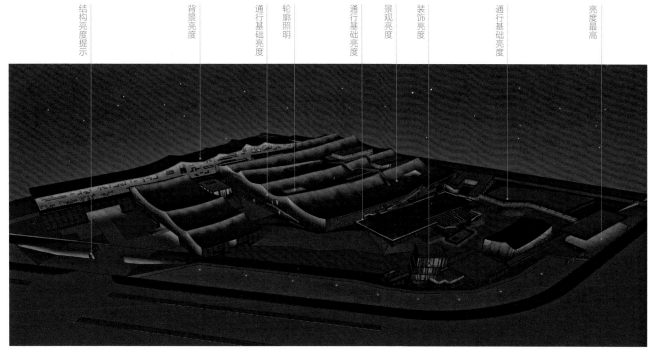

鸟瞰角度，照明节奏和位置说明（制图：郑雯俊）

西入口竣工照（摄影：雷徐君）

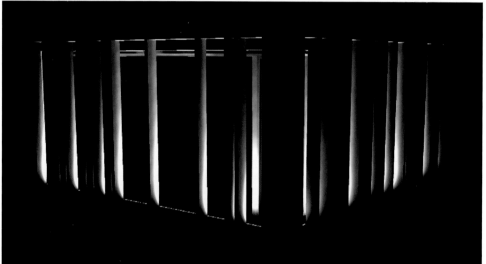

观山阁三个方案对比模型（制图：李威）

从曲桥处看戏台和观山阁（摄影：雷徐君）

戏台竣工照（摄影：雷徐君）

从广场看戏台（摄影：雷徐君）

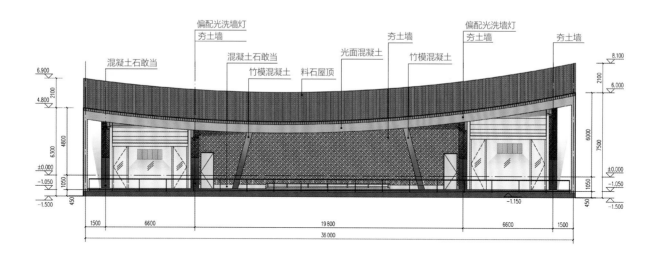

偏配光洗墙灯
夯土墙

混凝土石敢当

混凝土石敢当

竹模混凝土

料石屋顶

光面混凝土

夯土墙

竹模混凝土

偏配光洗墙灯
夯土墙

夯土墙

6.900
4.800
6.300
±0.000
−1.050
−1.500

2100
4800
1050
450

8.100
6.000
±0.000
−1.050
−1.500

2100
6000
7500
1050
450

−1.150

1500   6600   19 800   6600   1500
36 000

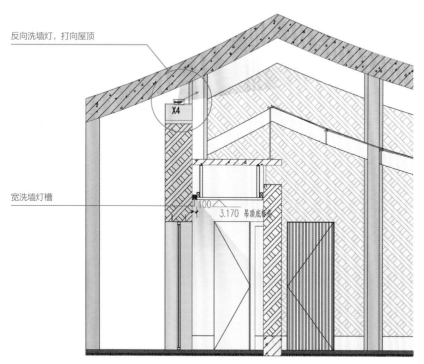

反向洗墙灯，打向屋顶

X4

宽洗墙灯槽

100
3.170 吊顶底标高

戏台剖面光晕图（制图：易宗辉）

越过戏台继续向东，是建筑外围最重要的主入口，我们推敲了三稿来对比效果。在王澍老师的指导下，确定最后一种方案最能延续边界照明的风格，保证照明的整体性，因此我们把线条灯的安装方式调整为地面埋入式。传统地埋灯通常存在照明不连贯的情况，为了保证地面的完整性，选定灯具后，我们重新设计了地面埋入的节点，叠加防眩光片和横纹玻璃，在保证光效的情况下，最大限度控制眩光。

主入口处的铭牌是后期增加的，设置灯具时未与施工单位沟通好，以致底部的石材距离影响了灯具与铭牌的距离。石材上方采用线条灯照明，效果最佳。底座有石材的铭牌，要严格控制字体的厚度和其与照射灯具的距离。在不考虑发光字的情况下，最佳方案是将线条灯暗藏在石材底座下方，采用线条偏配光洗墙灯，并注意两端收口的尺寸。

南入口是车行入口，我们对入口建筑和照明都做了弱化处理。进入内部后，从大巴下客区向内即是内部"画卷"的展开，东侧山墙原先预设为利用挑出的屋檐形成和西侧曲面相呼应的效果。计算时，屋顶模型是延伸挑出的，后期发现屋顶施工时并未挑出，屋顶曲线没有反射条件，建筑表面的肌理施工都是一次到位的，照明方案没有二次修改的机会，这也是个小的遗憾。

王澍老师在阐述重建中国当代本土建筑学的基本观念时，曾反复提到"工法"二字，表层饰面肌理的营造在他的作品中非常重要。因此，在建筑体块之间关系的表达方法上，我们通过对建筑表面和肌理的强调来完成灯光关系的表达。

如果说这些反射的洗墙式照明在引导动线的同时，学习了绘画中"虚"手法的表达，那么建筑立面中具有像蒙德里安作品一样构成之美的窗户，我们以它作为灯光元素中"实"的语言。与屋顶表达山势之美的线条上下呼应，再借助立面洗墙式照明衬托两者。在照明设计中协调体块间的分割关系，就如同传统绘画在实与虚之间寻求画面的平衡和韵律之美。

进入美术馆、博物馆和档案馆之间的内院之后，上下梳理清楚的照明关系保证了画面的赏心悦目。从现场实际情况来看，右边墙面实际亮度比照片所示的强度要大，现场的感觉也更能呼应建筑本身所具有的气势。两座建筑之间的交界处，照明设计尝试利用建筑本身肌理的复杂性，在表达建筑张力的同时，找寻两者之间的交汇和分离。中间的山亭用了剪影的手法，向内延续的山势向上而去。在亮度设置上，它作为焦点而存在，与背后的白色立面形成有趣的明暗交叠。

此外，需要指出的是屋顶在画面构图中的作用，屋面朝着江面蜿蜒而来，是建筑设计的神来之笔，照明设计时需要考虑其夜景的构图。我们理解层叠延伸向上的过程即是绘画和世界从实向虚的蜕变，根据屋顶的不同倾斜角度，分析屋顶的照明关系。屋顶的石材是由工匠一砖一瓦铺就而成的。有意思的是，这里施工的匠人，王澍老师都带他们去看过意大利佛罗伦萨城当地的建筑肌理，东西方建筑语言交汇在这个屋顶上。屋面层叠的肌理和背后的白色墙面形成了简洁和厚重的对比关系。屋顶的飞道连接了山亭和屋顶平台，走向婉转曲折，为了避免突兀的照明设备影响观感，保证流畅的参观动线，基础照明采用了十多种借位照明方法，但仍无法避免局部眩光。"两害相权取其轻"，考虑到晚上屋顶不会上人，就优先考虑了外部观看的效果。

东面立面竣工照（摄影：雷徐君）

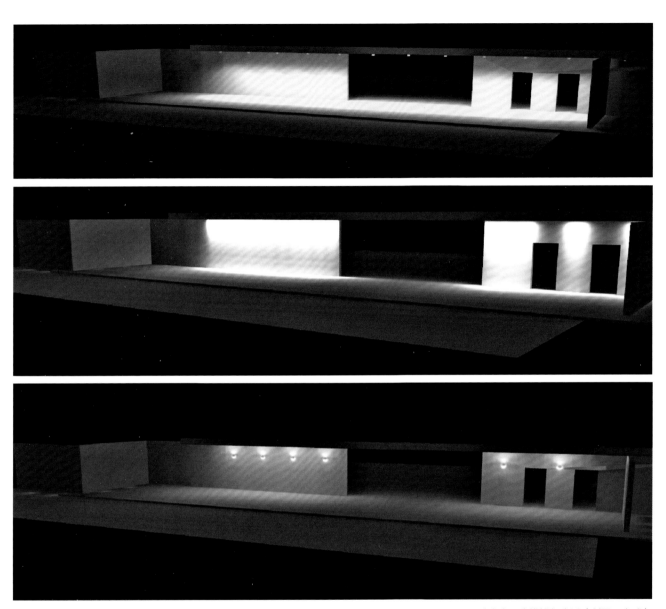

主入口三种方案照度模拟灰度图（制图：李威）

内院竣工照 1（摄影：雷徐君）

内院竣工照 2（摄影：雷徐君）

西立面照明效果（摄影：雷徐君）

北立面照明效果（摄影：雷徐君）

美术馆和档案馆之间的过道（摄影：雷徐君）

设计手法（室内）

室内照明最大的亮点是交叠的大型线条照明装置，我们对其具体用法和拼装方式进行了深化设计。公共区域的照明设计延续了室外的做法，利用肌理的反射，以及线条的穿插引导完成不同空间的贯通引申。室内照明中最大的难题是顶板的厚度有限，要在 110 mm 高度内嵌入大功率的筒灯来提供基础照明，且要求直径不能超过 150 mm。当年的设备技术有限，眩光无法避免，限定高度内的筒灯功率远远达不到使用所需，因此我们就地取材，利用了多种室内结构，如在扶手、通风管等结构内暗藏灯带，额外提供照明。

内部主厅东西两侧的山墙内也有像外部一样的预埋灯槽，尽管设计巡场已经非常密集，但此处仍在赶工期的情况下没有留出。在报告厅等区域，灯光和室内空间也是从属关系，我们尽量隐蔽灯具，在不影响使用的情况下，把设备和室内结构融为一体。

在本项目中，我们认识到以灯光表达建筑和室内的关系，除了关注灯光的功能作用，也应关注场所夜晚气质的塑造。帮助人们认识美、塑造美，这大概就是照明设计师存在的原因吧。

展厅竣工照（摄影：雷徐君）

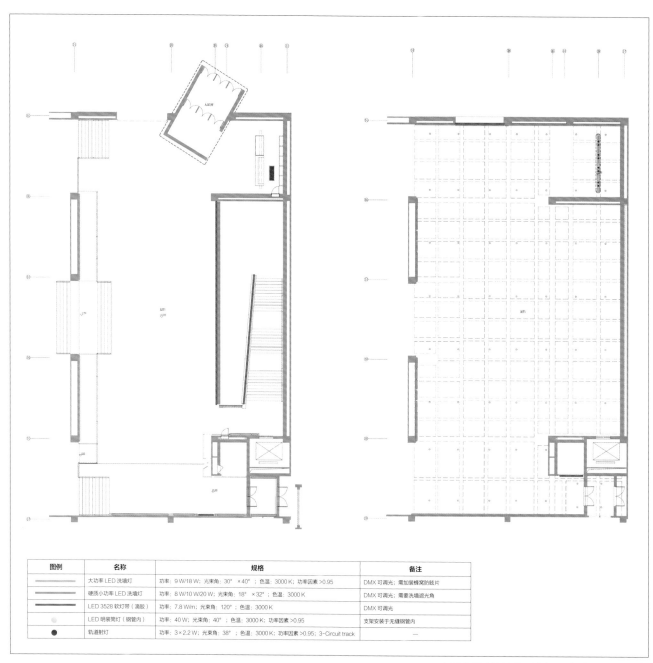

图例	名称	规格	备注
	大功率 LED 洗墙灯	功率：9 W/18 W；光束角：30°×40°；色温：3000 K；功率因素 >0.95	DMX 可调光；需加装蜂窝防眩片
	硬质小功率 LED 洗墙灯	功率：8 W/10 W/20 W；光束角：18°×32°；色温：3000 K	DMX 可调光；需要洗墙遮光角
	LED 3528 软灯带（滴胶）	功率：7.8 W/m；光束角：120°；色温：3000 K	DMX 可调光
○	LED 明装筒灯（钢管内）	功率：40 W；光束角：40°；色温：3000 K；功率因素 >0.95	支架安装于无缝钢管内
●	轨道射灯	功率：3×2.2 W；光束角：38°；色温：3000 K；功率因素 >0.95；3-Circuit track	—

A 区大厅 1 平面照明布灯图（制图：郑雯俊）

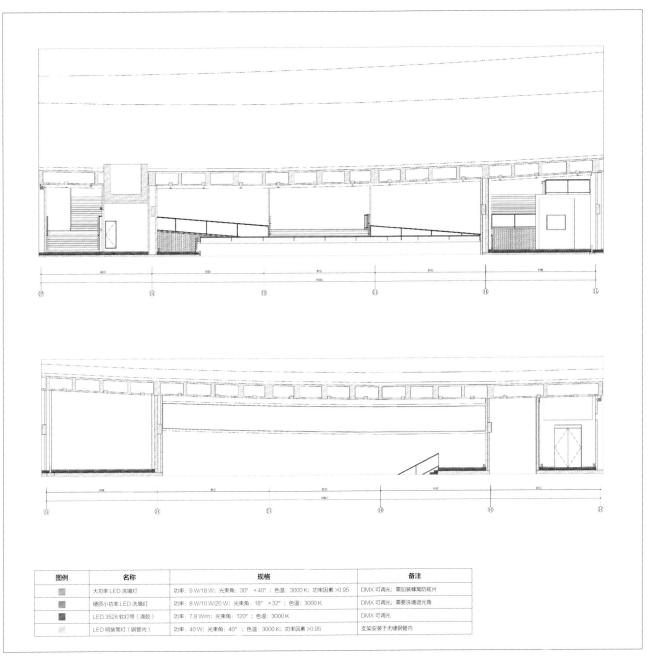

图例	名称	规格	备注
▪	大功率 LED 洗墙灯	功率：9 W/18 W；光束角：30°×40°；色温：3000 K；功率因素 >0.95	DMX 可调光；需加装蜂窝防眩片
▪	硬质小功率 LED 洗墙灯	功率：8 W/10 W/20 W；光束角：18°×32°；色温：3000 K	DMX 可调光；需要洗墙遮光角
▪	LED 3528 软灯带（滴胶）	功率：7.8 W/m；光束角：120°；色温：3000 K	DMX 可调光
▫	LED 明装筒灯（钢管内）	功率：40 W；光束角：40°；色温：3000 K；功率因素 >0.95	支架安装于无缝钢管内

A 区大厅 1 立面照明布灯图（制图：郑雯俊）

专栏

常用的肌理墙面灯光表现方法

采用被动式照明的肌理墙面，需根据其肌理的方向和厚度选择合适的照明方式。

● 横纹肌理墙面

适宜表现横向线条的亮度渐变，可使用线形洗墙灯向上或向下洗亮表现，安装方式有嵌入式和明装两种。常用洗墙灯的安装距离为离墙面 150 mm。如果是特殊配光灯具或追求特殊的洗墙效果等，则按实际情况调整。如果是顶面嵌入方式，那么高度（h）和离墙面距离（a）的比例常为 4 ∶ 1 或 3 ∶ 1。

● 肌理为不规则单元，或厚度较深的墙面

如果不希望表现强烈的阴影，则可采用点状偏配光的洗墙灯。安装方式同样有嵌入式和明装两种。需要特别注意，如果是地埋式，那么灯具的防护等级必须达到 IP65 以上。

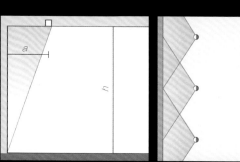

顶面嵌入式安装点状洗墙灯节点图（制图：易宗辉）

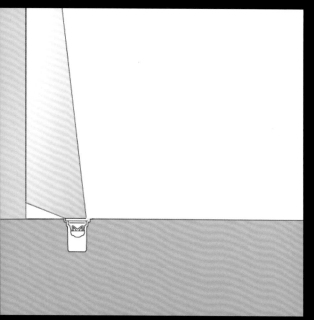

线形洗墙灯安装节点图（制图：易宗辉）

地面明装点状洗墙灯节点图（制图：易宗辉）

● 其他方式

在提升空间整体照明环境的情况下，也可通过提升被表现面和周围构筑物亮度对比的方式来表现肌理墙面，可以是漫反射形式，也可以是直接照明（如筒灯）形式。不同的安装方式效果对比如下：

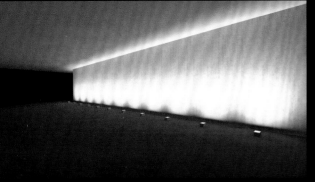

地面明装投光灯，距离墙面 500 mm 洗墙照度模拟灰度图
（制图：李威）

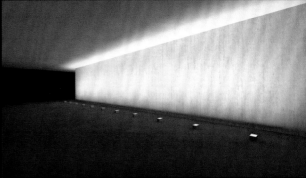

地面明装投光灯，距离墙面 1000 mm 洗墙照度模拟灰度图
（制图：李威）

地面明装投光灯，距离墙面 1500 mm 洗墙照度模拟灰度图
（制图：李威）

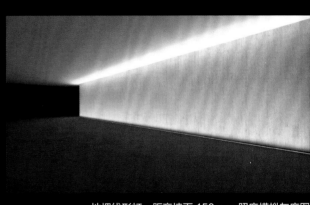

地埋线形灯，距离墙面 150 mm 照度模拟灰度图
（制图：李威）

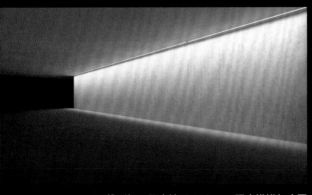

顶面线形灯，距离墙面 150 mm 照度模拟灰度图
（制图：李威）

顶面洗墙式筒灯，距离墙面 800 mm 照度模拟灰度图
（制图：李威）

中国国际设计博物馆

建筑、室内照明设计

照明设计：方方、易宗辉、付勇、李威
建筑设计：阿尔瓦罗 · 西扎和卡洛斯 · 卡斯塔涅拉扎建筑设计
        事务所（Alvaro Siza + Carlos Castanheira）
深化设计：中国美术学院风景建筑设计研究总院
委 托 方：中国美术学院
项目地点：浙江省杭州市
设计时间：2016 年
竣工时间：2018 年
建筑面积：16 798 m²

时值中国美术学院 90 周年校庆之际，中国国际设计博物馆（以下简称"国际馆"）正式开馆。开馆展包括这座建筑的主持建筑师阿尔瓦多·西扎的作品展。阿尔瓦多·西扎是葡萄牙建筑师，也是当代最重要的建筑师之一，曾获得欧洲建筑奖、普利兹克奖、哈佛城市设计奖等重要奖项。西扎曾说："最使人不安的是建筑中的浪费现象，无论是用材还是用光。"他作品显著的特征是以最简洁的形式和材料来表现内在空间的丰富性，被称为"最懂光的建筑师"。

光线对建筑的作用被远远低估，尤其是在项目引入日光时，光线以表现其他介质而存在，其表现力很大程度决定了人们的视觉重点和观看次序，光线的方向和强度也决定了被表现物的质感，最终各种光线共同决定了空间的整体氛围。法国朗香教堂和日本光之教堂那样单纯表现光之神性的空间，也需要通过背景光线的退让来衬托天光的神秘。复杂空间的光线不能只计一处灯具的效率高低或一处天窗的采光强弱，而要结合整个空间的结构、材质、使用特性以及预算。

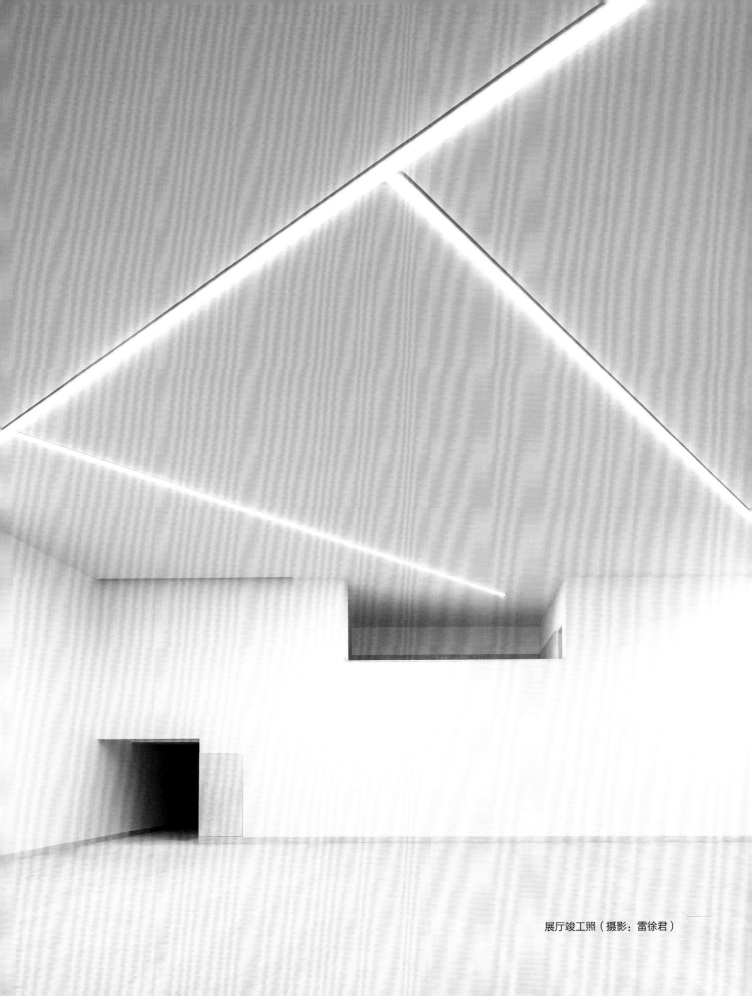

展厅竣工照（摄影：雷徐君）

理念

设计这个项目之前，我们实地考察了西扎以往的作品。在极尽简洁的空间内，光线的作用被放大，材质和空间的模糊感很大程度依赖于光线的表现。一些低矮空间中的光线过于明亮，一些高大空间中的光线又过于晦暗，可能是设备过于陈旧，或设备能力不足及施工问题而产生了眩光。另外，一些灯槽的透光板影响了色温的输出，同一个空间中出现了两种不同的色温。色温在人的生理感受中暗示着一日中的时间节点，不统一的色温容易让人在时间和空间交错中产生了混乱。

机缘巧合之下，国际馆中收藏了一批珍贵的包豪斯

国际馆日景（摄影：俞元坤）　　　　　　　　　　　韩国模仿（拟态）博物馆（摄影：易宗辉）

展品。包豪斯是一种设计思潮，并非完整意义上的风格。在设计理论上，包豪斯思潮有三个基本观点：一是艺术与技术的新统一；二是设计的目的是人，而不是产品；三是设计必须遵循自然与客观法则。这与西扎的"乡土情节""尊重环境"和"极简主义"的理念不谋而合，代表了人类在彷徨无定时代的选择，是人类自我蜕变发展的表现。包豪斯的工业作品简洁、实用，注重材料、结构和肌理的表达，全方位的观察角度无疑更加适合。

刚开始设计时，我们还没有详细的展览大纲和展览方案。与国内当下流行的固定式且单向化陈列方式相比，我们更偏向于另一种形式的展览——简单、流动、无包装，是材料和形式的直接观察和表达。

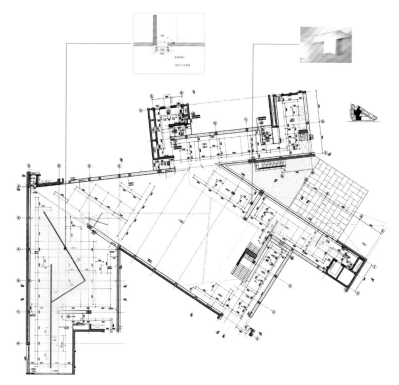

大厅布灯概念图 1（制图：易宗辉）

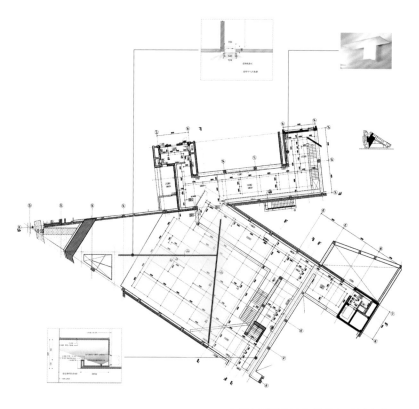

大厅布灯概念图 2（制图：易宗辉）

设计手法

考虑后期的展览需求，我们决定顶面采用直接式照明，如嵌入式偏光洗墙照明和线形洗墙照明方式等，但都被西扎团队否决了，他们倾向于完全干净、纯粹的空间。从国际馆的空间设计来看，西扎作品中对质感的表达度非常高，容易令人联想到瑞士雕塑家阿尔贝托·贾科梅蒂的展览，使用均匀散漫的光线，使作品阴郁的特质和其在空间中的挤压和扭曲更具张力。贾科梅蒂称之为"修剪去空间的脂肪"，他的作品仿佛在与空间交谈。和西扎团队沟通之后，我们把重点放在增加直接照明的漫反射能量上，并加强间接照明的层次，使空间光线的氛围和建筑本身模糊感的特质相匹配。

建筑师认为直接照明在空间中的位置非常重要，根据功能需求，我们在模型中确认了所需的直接照明光线比例，包括灯槽的长度和设备尺寸等，再根据公共区域和展厅两种使用场景，帮助建筑师重新划分了线形灯槽的形状比例。线形灯槽的设计难点在于国际馆的顶面是倾斜的，且空调风口和灯槽在一起，这加大了施工难度。展厅部分直接采用智能调光系统来调整光线的强弱。

间接照明的处理较为复杂，因空间的高度不同，尺寸差异较大。在较高的空间中，我们采用了进口的大功率工业 LED T8 灯管（支持 Zigbee 调光技术）。为了保证反射面尽可能退晕自然悠长，我们修改了间接照明的节点。

要说清间接照明灯槽等做法的要点，值得出一本书来好好讲讲，但最关键的地方在于在此空间中照明所起的作用。纯粹用于装饰还是必须服从其他照明层级？不能照搬单一节点做法。在低矮的空间中，我们采用的节点和设备有所不同。顶面的天光展厅有一套复杂的照明系统，顶面用专业的高透光率板，背后用两套照明系统：一套直接利用天光，顶面利用电动百叶帘调整输入强度；另一套直接在龙骨上安装大功率线形灯具，二次反射产生向下的光线。人工照明部分需要既保证看不见暗区，又能兼顾均匀度和与日光的衔接。我们也做了多次模拟实验，包括天光情况下展厅墙面的照明，发现两处主梁下方的重点墙面照明无法满足展览需求。沟通后，建筑师尊重我们的意见，我们在这里额外增加了一条朝下的间接照明灯具。经过计算，保证了墙面拥有 130 lx 以上的基础照度。从竣工照片来看，增加的灯槽丰富了空间的转折。

展厅照明方案一：线形洗墙照明模拟灰度图
（制图：李威）

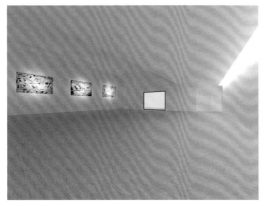

展厅照明方案二：嵌入式偏光洗墙照明模拟灰度图
（制图：李威）

展厅最终照明方案模拟灰度图
（制图：李威）

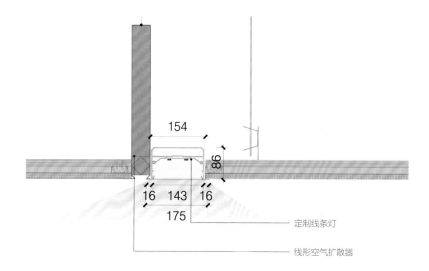

154

86

16 143 16

175

定制线条灯

线形空气扩散器

空调风口和灯槽结合节点图（制图：易宗辉）

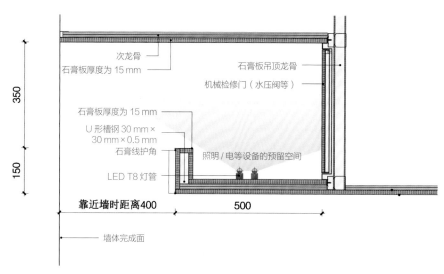

350

150

次龙骨

石膏板厚度为 15 mm

石膏板吊顶龙骨

机械检修门（水压阀等）

石膏板厚度为 15 mm

U 形槽钢 30 mm ×
30 mm × 0.5 mm

石膏线护角

照明 / 电等设备的预留空间

LED T8 灯管

靠近墙时距离400

500

墙体完成面

间接照明节点图（制图：易宗辉）

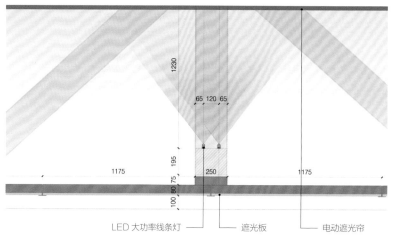

1230

65 120 65

195

1175

250

1175

100 80 75

LED 大功率线条灯

遮光板

电动遮光帘

展厅天光照明节点图（制图：易宗辉）

思考

如果说直接照明是大刀阔斧的改造，那么间接照明就是细致入微处的雕琢。间接照明和直接照明的共生方式促使我们从另一种角度观察空间。光线在空间中不仅承担功能性职责，也可以参与空间的构筑，从二维到三维，从块面构图到空间质感的营造，光线的作用无处不在。

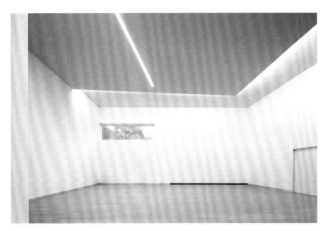

展厅竣工照（摄影：雷徐君）

走廊竣工照 1（摄影：雷徐君）

多功能厅竣工照（摄影：雷徐君）

走廊竣工照 2（摄影：雷徐君）

办公室竣工照（摄影：雷徐君）

天光展厅竣工照（摄影：雷徐君）

大厅竣工照（摄影：雷徐君）

间接照明中我们常用的灯槽，根据最终效果、使用的线形灯设备和节点的不同，有以下几种安装方式：

● 追求漫反射的柔和过渡

可采用有亚克力敷面的硬质灯条，保证有一定的反射空腔，普通层高的通用节点见右图。

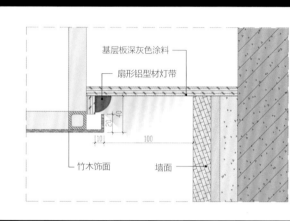

石膏板吊顶浅色涂料

离缝

暗藏 LED 灯带

黑钛金不锈钢折边

墙面

黑钛金不锈钢折边

柔和漫反射灯槽节点图（制图：易宗辉）

● 追求洗墙效果

如果希望灯槽内的线形灯除了具有一定的装饰效果，还有洗墙功能，那么普通层高的灯槽通用节点见右图。

基层板深灰色涂料

扇形铝型材灯带

竹木饰面　　墙面

有装饰、洗墙效果的灯槽节点图（制图：易宗辉）

● 想要朝下的洗墙效果

如果希望加强灯槽内暗藏线形灯的朝下洗墙效果（通常为肌理墙面），并不追求灯槽内无灯具的完美效果，那么普通层高的灯槽通用节点见右图。

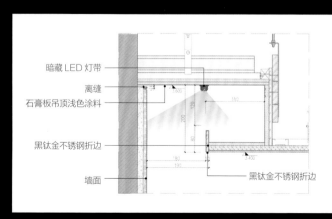

暗藏 LED 灯带

离缝

石膏板吊顶浅色涂料

黑钛金不锈钢折边

墙面

黑钛金不锈钢折边

有朝下的洗墙效果灯槽节点图（制图：易宗辉）

● 追求光线清晰的投影分割线

如果追求光线清晰的投影分割线，使光线有一定的装饰作用，则建议使用小功率裸板线形灯带，通用灯槽节点见右图。

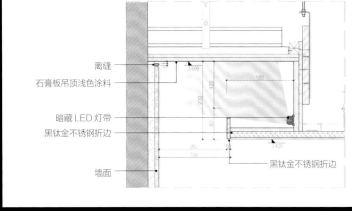

石膏板吊顶浅色涂料
离缝
暗藏 LED 灯带
黑钛金不锈钢折边
墙面
黑钛金不锈钢折边

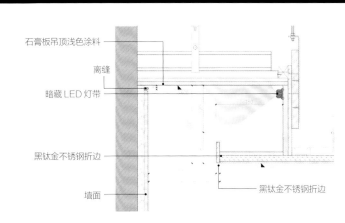

石膏板吊顶浅色涂料
离缝
暗藏 LED 灯带
黑钛金不锈钢折边
墙面
黑钛金不锈钢折边

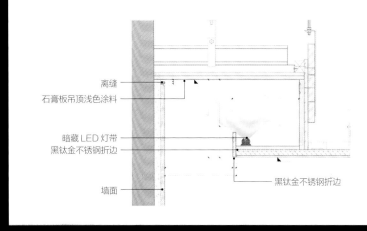

离缝
石膏板吊顶浅色涂料
暗藏 LED 灯带
黑钛金不锈钢折边
墙面
黑钛金不锈钢折边

拥有清晰投影线效果的灯槽节点图（制图：易宗辉）

融创｜龙岩·观樾台示范区

建筑照明设计

照明设计：方方、赵之祥、易宗辉、李威
建筑设计：AAI 国际建筑师事务所
委 托 方：融创东南集团福建分公司
项目地点：福建省龙岩市
设计时间：2019 年
竣工时间：2020 年
建筑面积：1300 m²

2019 年前后是中国地产最辉煌的几年，人们都相信房地产会一路辉煌下去。地产商舍得拿地，也愿意花大价钱为人们造梦，示范区就是人们找寻梦中家园的第一站。观樾台项目位于福建省龙岩市紫荆公园内一处坡地之上，我们受委托设计的是该楼盘的示范区部分。

现代主义建筑自诞生以来即遵从"形式服从功能"的信条，大量简洁、纯净的建筑在城市中出现，其中不乏优秀的作品，但也都在到处同质化的建筑中被稀释。日本建筑师伊东丰雄曾说："如果放任匀质化的推进，可以想见，今后的世界将在一片死寂中凝结，如同活在冷库中的日子将成为常态。人们在平静、安全、无欲无求地苟活中走完一生。"不同的人对生活的感悟不同，对设计的需求也不同，我们期待能在项目中挖掘出鲜活、动人的一面。

从项目入口处观察挑檐和倒影的关系（摄影：王大丑）

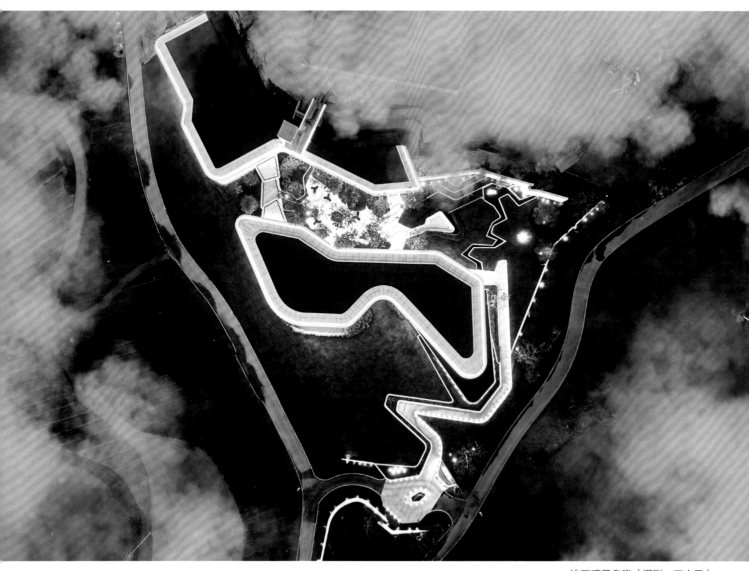

竣工项目鸟瞰（摄影：王大丑）

理念

初见观樾台的建筑方案，令人联想起2009年日本 SANAA 建筑事务所设计的蛇形画廊，评论家称其为"如飘散的烟，如融化的金属，如浮动的云朵，如流动的水"。本项目建筑设计的意图是"掩映在草坡树丛中的美术馆"，其坐落在山坡上，居高临下的位置完美诠释了"超平"设计理念中对平面的赞颂。虽然作为有实用功能的构筑物必须封闭，但建筑师采用了用曲面玻璃围合出室内空间的做法，使内外界面变得模糊，风仿佛能透过玻璃，轻拂屋檐笼罩下的山坡。照明设计旨在强调这种空间内外的模糊感。

白天建筑竣工照（图源：AAI 国际建筑师事务所　摄影：曾江河）

从坡下角度看悬挑板（摄影：王大丑）

建筑夜晚竣工照（图片来源：AAI 国际建筑师事务所　摄影：曾江河）

设计手法

照明设计从建筑内在气质和场地关系着手，通过对顶面和结构曲线的强调来表达空间和环境彼此交融的关系。在这个项目中，我们更想探索的是夜晚建筑在环境中和光线共生的可能性。

为了保证顶面内外统一，上调圈梁。沿景观园路前行，我们希望首先映入眼帘的是屋顶面的结构，因此做了三个层次的处理：一是用防水软管灯条侧洗，强调顶面的圈梁结构，近处没有构筑物干扰，直接朝上安装；二是在悬挑板外侧设置灯槽，因观察点距离较远，采用三次反射节点，完全隐蔽灯带，避免眩光；三是在靠近玻璃处悬挑板底面，依靠地面安装地埋射灯朝上照亮，产生退晕效果，加强室内光线朝外部散射的效果，进一步模糊室内外界限。

难点是对地埋灯效果的控制，现场地面是现浇板，完成面可供安装的高度只有 90 mm，可供选择的设备最大功率为 9 W。经过实际 IES 数据在 evo 模拟计算得出照度只有 130 lx，力度稍弱。好在最终设备角度的准确度较好，经过现场试灯，才有最终衔接自然的光晕效果，但高度不足带来的防眩光等级不足的缺憾不可避免。

建筑底部的水池是项目的重要组成部分，建筑给人以悬浮在水池之上的感觉，我们用灯带对其侧面进行强调。从近处观察，水面和顶面被表现的两根线条并不完全相合，所以水面的倒影有了更加丰富的层次。

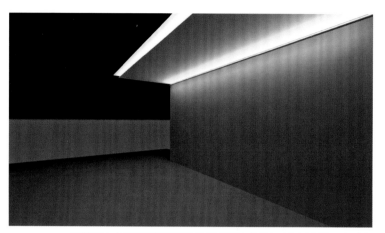

直接朝上安装的顶面圈梁结构灯条照度模拟灰度图（制图：李威）

悬挑板外侧三次反射灯带照度模拟灰度图（制图：李威）

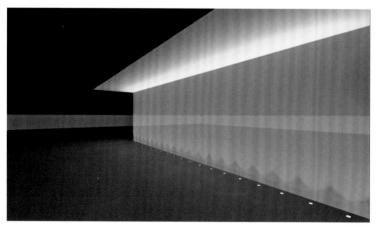

朝上照亮挑檐底板地埋灯照度模拟灰度图（制图：李威）

从西南角观察屋顶和玻璃构筑体的关系（摄影：王大丑）

北侧通往样板房的连廊（摄影：王大丑）

思考

于样板房连廊处，为了延续顶面照明，我们在柱子上安装了向上照明的壁灯。是保持均匀的顶面光斑还是优先考虑灯具外观？两相比较之下，近人高度的壁灯外观显然更重要。限于预算，壁灯的配光效果没有达到我们的预期。

无论场址选择、建筑特色还是材料和光线的碰撞，观樾台都传达了一种乌托邦式的理想构筑体范本——既能遮风挡雨，又充满梦幻感，并兼具和自然亲近的功能，这大概就是设计之于生活最大的意义。

庭院内景（摄影：王大丑）

南侧庭院角度观察效果（摄影：王大丑）

北走廊效果（摄影：王大丑）

东侧坡下视角（摄影：王大丑）

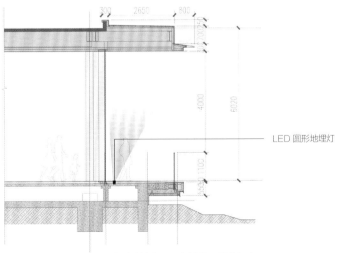

LED 圆形地埋灯

地埋灯安装剖面图（制图：易宗辉）

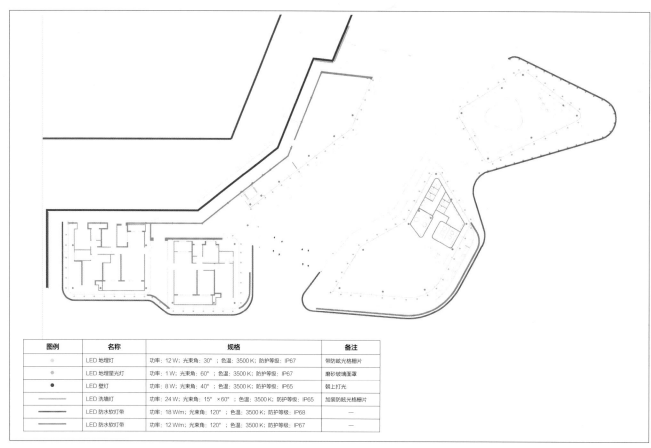

图例	名称	规格	备注
	LED 地埋灯	功率：12 W；光束角：30°；色温：3500 K；防护等级：IP67	带防眩光格栅片
	LED 地埋星光灯	功率：1 W；光束角：60°；色温：3500 K；防护等级：IP67	磨砂玻璃面罩
	LED 壁灯	功率：8 W；光束角：40°；色温：3500 K；防护等级：IP65	朝上打光
	LED 洗墙灯	功率：24 W；光束角：15°×60°；色温：3500 K；防护等级：IP65	加装防眩光格栅片
	LED 防水软灯带	功率：18 W/m；光束角：120°；色温：3500 K；防护等级：IP68	—
	LED 防水软灯带	功率：12 W/m；光束角：120°；色温：3500 K；防护等级：IP67	—

一层平面照明布灯图（制图：郑雯俊）

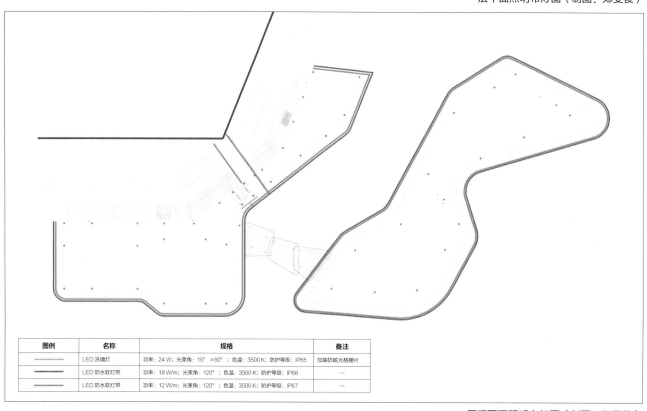

图例	名称	规格	备注
	LED 洗墙灯	功率：24 W；光束角：15°×60°；色温：3500 K；防护等级：IP65	加装防眩光格栅片
	LED 防水软灯带	功率：18 W/m；光束角：120°；色温：3500 K；防护等级：IP68	—
	LED 防水软灯带	功率：12 W/m；光束角：120°；色温：3500 K；防护等级：IP67	—

屋顶平面照明布灯图（制图：郑雯俊）

建筑轮廓的照明常用手法

强调轮廓是照明手法中重要的组成部分，建筑外轮廓照明分为主动式和被动式两种。

● 主动式照明

灯具安装于构筑物上，朝外射出光线的照明方式为主动式照明，主要将点状灯具或线形发光灯具直接安装在基础面上。

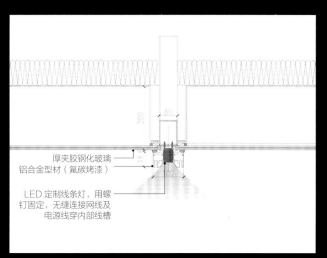

主动式线条灯安装节点图（制图：易宗辉）

● 被动式照明

通过照亮载体来表现的方式，通常要和幕墙专业人员配合，预留较为复杂的节点。

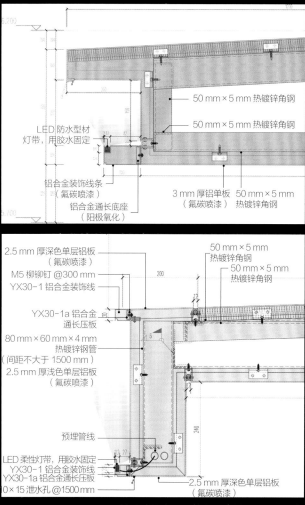

被动式轮廓照明节点图（制图：易宗辉）

上虞博物馆
建筑照明设计

照明设计：方方、易宗辉、钱益航、李威
建筑设计：浙江省建筑设计研究院
委 托 方：上虞博物馆、上虞区文化广电旅游局
项目地点：浙江省绍兴市
设计时间：2019 年
竣工时间：2022 年
建筑面积：19 750 m²

　　凡是需要放到一种独特语境中才能理解的文化，大都是无法扩散交流的文化。无论是艺术史还是设计史，关于具象和抽象的平衡是亘古不变的课题，尤其是对从实用主义出发的设计任务来说，更需要深入研究如何在贴近功能需求的同时，满足精神需求。在这些如繁花盛开的流派中，唯有对形式感的追求从来没有改变过。

　　反映到这些年我国城市的夜景照明中，勾线、描边、泛光、媒体墙……各种手法层出不穷，但大多方法都是在强调载体（建筑或景观）对外部环境的扩散作用。在这种情境下讲文化，要么流入媚俗的陷阱，要么倒向曲高和寡中难觅知音的尴尬境地。

理念

在上虞博物馆中，我们从设计目标入手，从场地特性、建筑特性、夜景需求来思考最适合的照明氛围。上虞博物馆是异地新建项目，从场地来看，它面朝曹娥江支流的辅道一侧，距离城市主要干道尚有几百米的距离；背山面水，四周都没有高层建筑阻挡视线。从城市主干道——舜耕大道视角来看，在大片平阔背景的衬托下，博物馆坐落其中。建筑师以极具视觉冲击力的米白色为基调，在夜晚，我们希望它也能焕发光彩。

建筑促成了人类和环境的对话，引领了社会的进步和发展。《论语》中有："君子所贵乎道者三：动容貌，斯远暴慢矣；正颜色，斯近信矣；出辞气，斯远鄙倍矣。"意思是君子对道义重视的态度有三个方面：使自己的容貌庄严，就可以避免别人的粗暴和怠慢；使自己神色端正，容易使人信服；讲究言辞和声气，就会避免粗野和错误。公共文化建筑的形象应如此，夜景形象更应如是。它们的存在具备教化社会的使命，其形象也传达了社会的主流审美风向。

首先，良好的外观对改变传统博物馆陈旧保守的固有印象非常重要，成为文化标志的第一步即是形象的自信。其次从内容着手，由外及内渗透到生活中，进一步引领社会的文化和审美思潮，这是新时代的公共文化建筑应该具备的使命。

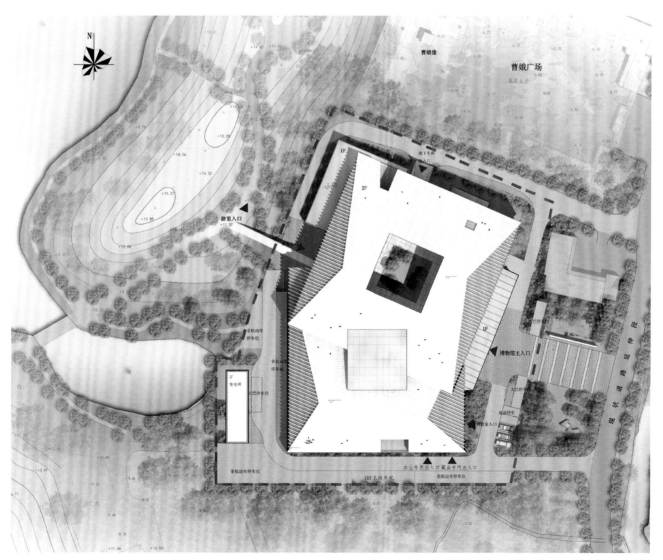

平面图（图片来源：浙江省建筑设计研究院）

83

建筑效果图（图片来源：浙江省建筑设计研究院）

鸟瞰竣工照（摄影：王大丑）

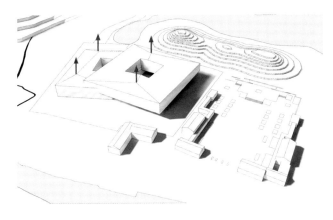

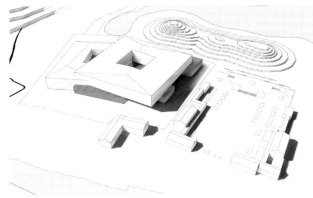

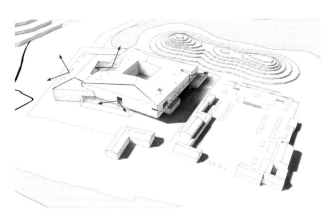

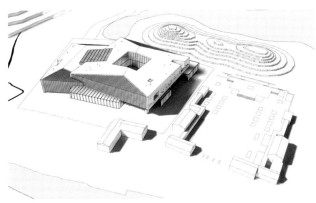

建筑分析图（图片来源：浙江省建筑设计研究院）

思考

形式感是指客观事物的外观形式通过引发人们的想象和一定的感情活动所使人获得的审美感受，包括由色、形、声等外形因素所组成的外形式，以及将这些因素按一定的规律组合起来，完美地表现内容的结构形式，如色彩感、形体感、节奏感和对结构等形式美的感悟。无论是抽象还是具象，由形状、色彩、结构的关系所形成的形式特征，诉诸视知觉后，能引起人们显著的心理反应，这样的形式感就比较强。

在建筑照明设计的手法上，我们提取了三个关键词：形态、色彩和动态。在对公共文化建筑的常规形态进行描述时，对色彩和动态元素的使用应慎重。除非是为了特定的节日或主题，否则使用这两种手法时不容易把握"媚俗"和"雅趣"的界限。

对建筑照明来说，有几种具体的判断标准：能否表现建筑体块的结构之美，抓取建筑形状的时候是否协调美观，主动式照明和被动式照明的措施是否符合视觉和审美习惯（主动式照明为直接朝外部的照明，以线条灯和点光源为主；被动式照明主要表现建筑或环境本身材质、肌理、结构的关系，以点射、洗墙、擦墙、泛光等方式为主）。

每个建筑都有其特点，找到表现其特点的最佳技法，有时候依靠优秀的建筑师，有时则要靠照明设计师。采取任何一种设计手法时都要知道夜景的欣赏时间大部分是在天黑以后，不能只看建筑拍照时落日前后的有天光时的朦胧状态，而应考虑只有建筑和人工光线时的形态。分析形态手法也有几个关键词：结构、形状、层次，它们共同影响了审美主体的感受。

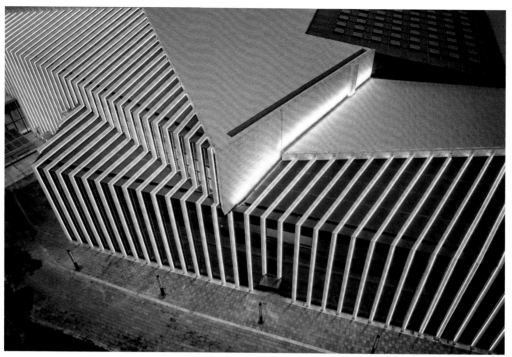

俯瞰西侧线条灯效果（摄影：王大丑）

东侧鸟瞰（摄影：王大丑）

设计手法

从建筑构成来看，建筑师使用了两个叠加在一起的方块，错开角度形成体块的第一轮廓外观，南北面和东西面的外立面各使用了石材和密集竖龙骨玻璃幕墙，材质和形态形成厚重和纤细的对比。在照明手法上，我们抓取这两个结构的特点来表现。对石材幕墙，我们采用被动式照明，使用专业配光的擦墙光线，强调石材光影关系形成的大面积肌理效果。密集竖龙骨玻璃幕墙部分采用极细线条灯主动式照明，密集竖线条灯给人以结构上的视觉冲击力。两种不同的处理手法，在夜景里加大了建筑体块戏剧化表达的效果。

评判最终的设计质量，除了对整体效果的判断，也要考查对细节部分的处理，窗口、露台的退进要与建筑的思路和外部手法保持统一。

北立面光晕图（制图：易宗辉）

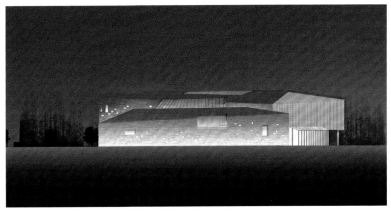

南立面光晕图（制图：易宗辉）

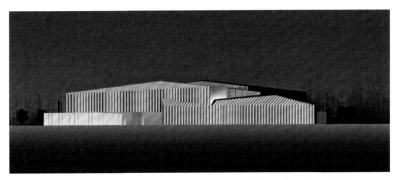

西立面光晕图（制图：易宗辉）

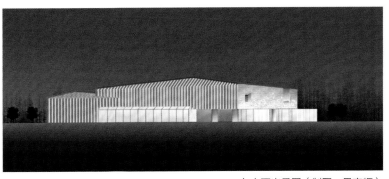

东立面光晕图（制图：易宗辉）

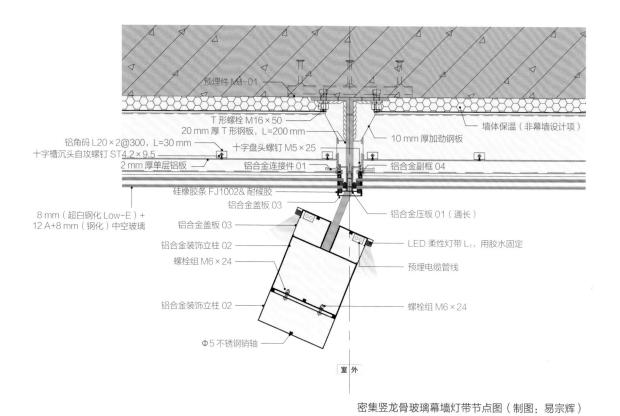

预埋件 MJ-01

铝角码 L20×2@300，L=30 mm
十字槽沉头自攻螺钉 ST4.2×9.5
2 mm 厚单层铝板

T 形螺栓 M16×50
20 mm 厚 T 形钢板，L=200 mm
十字盘头螺钉 M5×25
铝合金连接件 01

墙体保温（非幕墙设计项）

10 mm 厚加劲钢板

铝合金副框 04

硅橡胶条 FJ1002& 耐候胶
铝合金盖板 03

铝合金压板 01（通长）

8 mm（超白钢化 Low-E）+
12 A+8 mm（钢化）中空玻璃

铝合金盖板 03
铝合金装饰立柱 02
螺栓组 M6×24

铝合金装饰立柱 02

Φ5 不锈钢销轴

LED 柔性灯带 L₁，用胶水固定

预埋电缆管线

螺栓组 M6×24

室 外

密集竖龙骨玻璃幕墙灯带节点图（制图：易宗辉）

北立面肌理洗墙效果（摄影：王大丑）

西立面线条结构（摄影：王大丑）

从西北角观察肌理墙面、线条，以及玻璃内透光的关系（摄影：王大丑）

西北角鸟瞰（摄影：王大丑）

思考

虽然这个项目获得了一系列奖项，但仍有些许遗憾，比如没有加入智能控制系统。大面积直接照明的灯带即使已采用了常规的最低功率产品，但由于照射面积较大，最终亮度比预期高出不少，视觉层次上不够完美，这也是为了降低成本而不得不做的妥协。

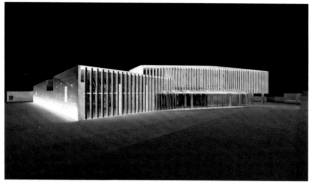

上虞博物馆照度计算模拟灰度图1（制图：李威）

上虞博物馆照度计算模拟灰度图2（制图：李威）

竣工照（摄影：王大丑）

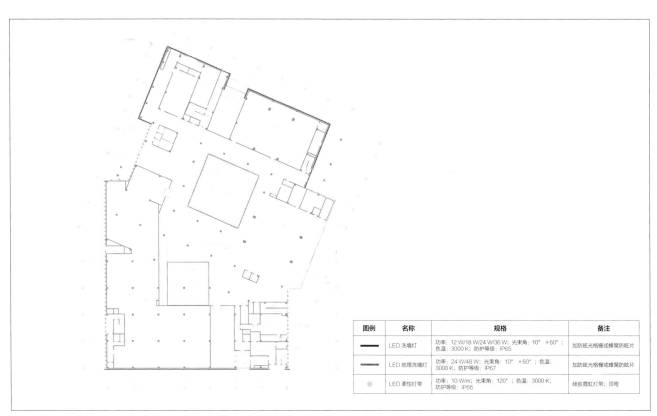

图例	名称	规格	备注
▬	LED 洗墙灯	功率：12 W/18 W/24 W/36 W；光束角：10°×60°；色温：3000 K；防护等级：IP65	加防眩光格栅或蜂窝防眩片
▬	LED 地埋洗墙灯	功率：24 W/48 W；光束角：10°×60°；色温：3000 K；防护等级：IP67	加防眩光格栅或蜂窝防眩片
◉	LED 柔性灯带	功率：10 W/m；光束角：120°；色温：3000 K；防护等级：IP66	硅胶霓虹灯带；顶弯

一层平面照明布灯图（制图：郑雯俊）

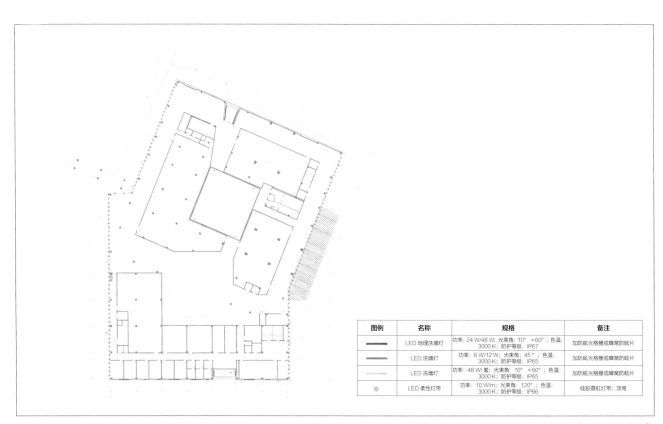

图例	名称	规格	备注
▬	LED 地埋洗墙灯	功率：24 W/48 W；光束角：10°×60°；色温：3000 K；防护等级：IP67	加防眩光格栅或蜂窝防眩片
▬	LED 洗墙灯	功率：6 W/12 W；光束角：45°；色温：3000 K；防护等级：IP65	加防眩光格栅或蜂窝防眩片
—	LED 洗墙灯	功率：48 W/套；光束角：10°×60°；色温：3000 K；防护等级：IP65	加防眩光格栅或蜂窝防眩片
◉	LED 柔性灯带	功率：10 W/m；光束角：120°；色温：3000 K；防护等级：IP66	硅胶霓虹灯带；顶弯

二层平面照明布灯图（制图：郑雯俊）

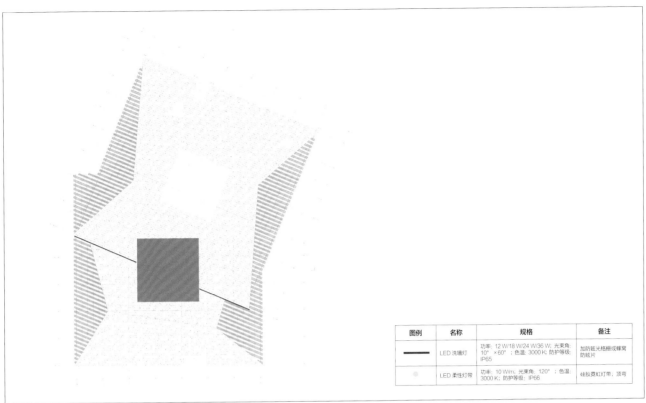

图例	名称	规格	备注
▬	LED 洗墙灯	功率：12 W/18 W/24 W/36 W；光束角：10°×60°；色温：3000 K；防护等级：IP65	加防眩光格栅或蜂窝防眩片
●	LED 柔性灯带	功率：10 W/m；光束角：120°；色温：3000 K；防护等级：IP66	硅胶霓虹灯带；顶弯

屋顶层平面照明布灯图（制图：郑雯俊）

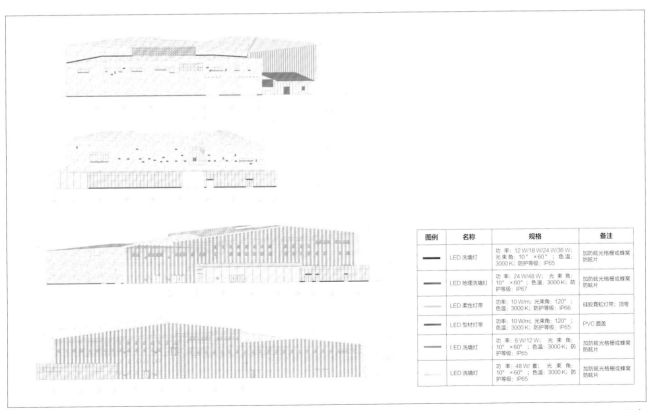

图例	名称	规格	备注
▬	LED 洗墙灯	功率：12 W/18 W/24 W/36 W；光束角：10°×60°；色温：3000 K；防护等级：IP65	加防眩光格栅或蜂窝防眩片
▬	LED 地埋洗墙灯	功率：24 W/48 W；光束角：10°×60°；色温：3000 K；防护等级：IP67	加防眩光格栅或蜂窝防眩片
▬	LED 柔性灯带	功率：10 W/m；光束角：120°；色温：3000 K；防护等级：IP66	硅胶霓虹灯带；顶弯
▬	LED 型材灯带	功率：10 W/m；光束角：120°；色温：3000 K；防护等级：IP65	PVC 面盖
▬	LED 洗墙灯	功率：6 W/12 W；光束角：10°×60°；色温：3000 K；防护等级：IP65	加防眩光格栅或蜂窝防眩片
▬	LED 洗墙灯	功率：48 W/套；光束角：10°×60°；色温：3000 K；防护等级：IP65	加防眩光格栅或蜂窝防眩片

立面照明布灯图（制图：郑雯俊）

窗户照明的常见技法

在很多建筑立面中，窗户占据了重要位置，不同的窗型有不同的照明方式。

● **中大型窗户**

可采用大功率窄角线形灯朝上照亮，安装方式宜采用底部暗藏式。在造价允许的情况下，可采用多重配光，给予顶部和两侧不同的照度。

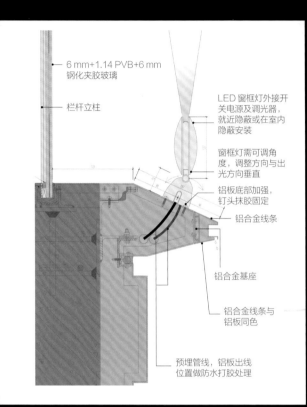

6 mm+1.14 PVB+6 mm
钢化夹胶玻璃

栏杆立柱

LED窗框灯外接开关电源及调光器，就近隐蔽或在室内隐蔽安装

窗框灯需可调角度，调整方向与出光方向垂直

铝板底部加强，钉头抹胶固定

铝合金线条

铝合金基座

铝合金线条与铝板同色

预埋管线，铝板出线位置做防水打胶处理

云帆示范区项目窗台灯节点图（制图：易宗辉）

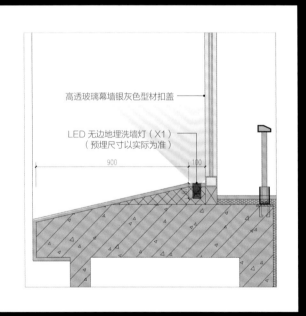

高透玻璃幕墙银灰色型材扣盖

LED无边地埋洗墙灯（X1）（预埋尺寸以实际为准）

900   100

窗台暗藏灯具节点图（制图：易宗辉）

● **特殊造型的窗户**

可采用灵活的椭圆形配光线条灯，自由调整方向和角度。如果窗户的形状规整，也可以采用埋入可调式照明方式。

云帆示范区项目照度模拟灰度图（制图：李威）

●中小型方形窗户

可直接安装普通明装窗台灯，常用的明装窗台灯有半圆形、圆形和方形等，一般为中缝出扇形光线，注意光线是否能覆盖窗框的厚度。

●其他

如果窗台底部不平，则需调整安装底座调整角度，避免出光角度和窗台侧板不平行，也可在侧面安装补充灯具。

潍坊市歌尔综合服务楼侧面窗台照度模拟灰度图（制图：李威）

潍坊市歌尔综合服务楼照明方式照度模拟灰度图（制图：李威）

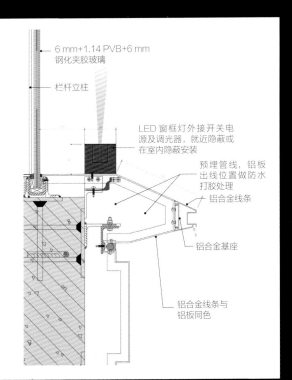

6 mm+1.14 PVB+6 mm
钢化夹胶玻璃

栏杆立柱

LED 窗框灯外接开关电
源及调光器，就近隐蔽或
在室内隐蔽安装

预埋管线，铝板
出线位置做防水
打胶处理

铝合金线条

铝合金基座

铝合金线条与
铝板同色

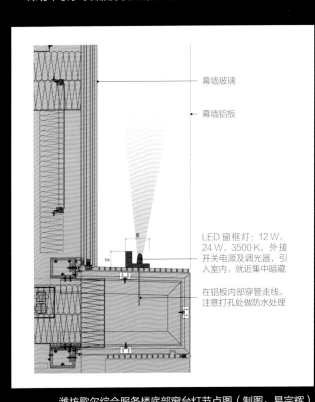

幕墙玻璃

幕墙铝板

LED 窗框灯：12 W，
24 W，3500 K，外接
开关电源及调光器，引
入室内，就近集中暗藏

在铝板内部穿管走线，
注意打孔处做防水处理

歌尔股份有限公司光电园区综合服务楼

建筑照明设计

照明设计：方方、易宗辉、钱益航、李威
建筑设计：gad 杰地设计
委　托　方：歌尔股份有限公司
项目地点：山东省潍坊市
设计时间：2021 年
竣工时间：2023 年
建筑面积：50 485 m²

　　本案是一座综合性服务楼，具有办公、接待等多种功能。项目启动之初，我们就收到了委托方提供的详尽的设计任务书，其中明确要求保持现有的外立面效果。建筑外立面均以铝板作为幕墙材料，通过简洁、功能性的设计，赋予建筑表面金属质感和韵律之美，打造出现代、精致、简约的整体风格。铝板的轻盈感使其成为理想的建筑材料，较轻的重量能够实现大面积覆盖，而不给建筑结构带来过重的负担。这种轻盈感与现代主义建筑对简约空间和形式的追求完美契合。虽然本案的楼体和裙房并非完全对称，但通过巧妙处理窗户的朝向、大小，建筑师成功创造了一个充满艺术感、吸引力的独特性建筑。

东南视角全开模式竣工照（摄影：楼洪忆）

理念

通过实践我们得知，铝板的金属质感与光线互动所产生的丰富的光影效果令人惊叹。铝板的表面能反射周围环境的光线，使建筑在不同的时间和天气条件下呈现出多样的外观。这种光线和反射效果增加了建筑的动态性和变化性，并赋予建筑极具现代感且炫目的外观。

照明设计从彰显建筑特色的角度出发，通过理解铝板之间的分割和比例关系，将光线与立面造型特点相融合。我们将灯具安排在立面上，创造出微妙而广阔的光线变化，将建筑干净、简约的风格延续至夜晚。

手法

我们把建筑的夜景分为两种模式。一种是平时状态下全开的模式，在不同朝向的窗台外侧安装平行于铝板的竖向灯条，在平行方向与铝板形成光线的退晕关系。同时，在窗台底部安装中角度扇形光晕的窗台灯，其发出的光线可以完整表现窗户的形态。竖向窗户的造型被两种光线有层次地烘托而出，因不同的窗户朝向而形成丰富的韵律感。另一种是竖向线条灯不打开的节能模式，只保留底部扇形窗台灯，形成自然阵列的形式感。

在裙楼部分，我们重点表现了立面的小窗，对大面积的铝板部分进行留白处理，横向阵列的小窗与塔楼形成呼应关系。

在正面入口处，我们重点表现板状雨篷与内部挑空的关系，在雨篷底部使用角度合适的筒灯，在地面形成完整的光晕。在正面一层的玻璃落地龙骨处，补充了地埋灯。原计划在柱子处安装朝上打亮挑空底板的壁灯，最后因购买的灯具功率不足而取消，但这些壁灯仍保留在东面和北面建筑挑空处，提供基础通行照度的同时，也可以表现建筑的体块关系。

反思

在施工过程中，即使微小的调整，也会导致结果偏离预期。例如，根据竖向窗台灯的第一次现场试样结果，我们调整了内部灯条的朝向，使其与铝板平行。由于种种原因，最终斜面铝板的退晕效果与预期略有差距。此外，设备能力也是需要密切关注的。在预算范围内，应帮助委托方选择更优秀的专业配光灯具。这些微小的细节单独看可能平静无波，但到最后会成为影响设计效果的重要因素。设计师是对现场结果负首要责任的人，我们需要认真对待生活和工作，以最专业和敬业的态度对待所负责的每一个项目。

入口照明竣工照（摄影：楼洪忆）

全开模式鸟瞰竣工照（摄影：楼洪忆）

西北视角全开模式竣工照（摄影：楼洪忆）

西面全开模式竣工照（摄影：楼洪忆）

西南视角全开模式竣工照（摄影：楼洪忆）

西北视角俯视全开模式竣工照（摄影：楼洪忆）

东北视角全开模式竣工照（摄影：楼洪忆）

北面全开模式竣工照（摄影：楼洪忆）　　　　　　　　东南视角节能模式竣工照（摄影：楼洪忆）

西南视角节能模式竣工照（摄影：楼洪忆）

部分区域照度模拟灰度图（制图：李威）

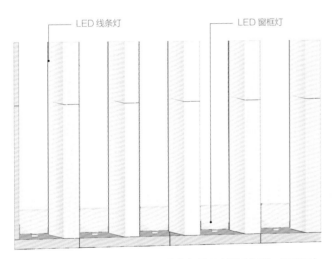

LED 线条灯   LED 窗框灯

窗台灯具示意图（制图：易宗辉）

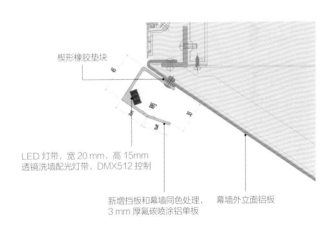

楔形橡胶垫块

LED 灯带，宽 20 mm，高 15 mm
透镜洗墙配光灯带，DMX512 控制

新增挡板和幕墙同色处理，   幕墙外立面铝板
3 mm 厚氟碳喷涂铝单板

塔楼立面窗户线条灯安装节点图（制图：易宗辉）

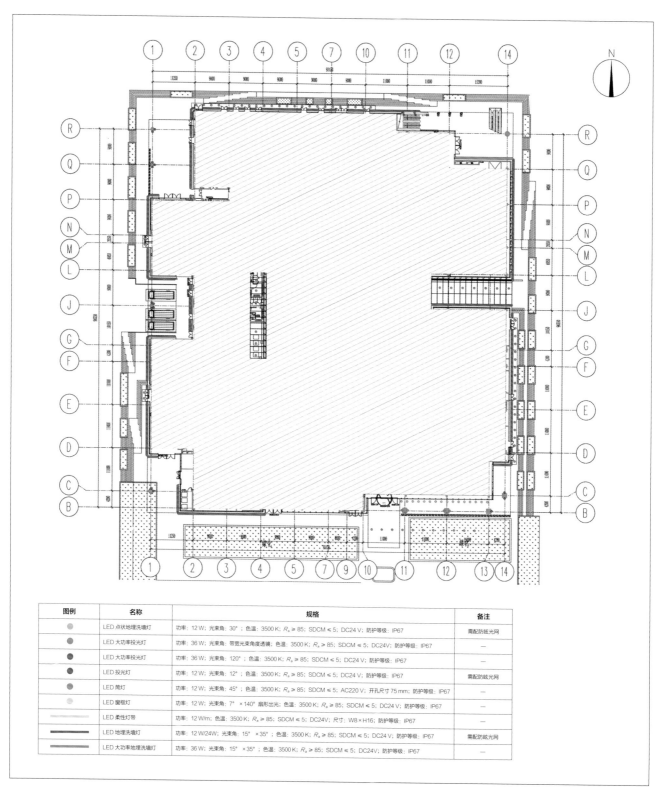

图例	名称	规格	备注
●	LED 点状地埋洗墙灯	功率: 12 W; 光束角: 30°; 色温: 3500 K; $R_a \geq 85$; SDCM ≤ 5; DC24 V; 防护等级: IP67	需配防眩光网
●	LED 大功率投光灯	功率: 36 W; 光束角: 带宽光束角度透镜; 色温: 3500 K; $R_a \geq 85$; SDCM ≤ 5; DC24V; 防护等级: IP67	—
●	LED 大功率投光灯	功率: 36 W; 光束角: 120°; 色温: 3500 K; $R_a \geq 85$; SDCM ≤ 5; DC24 V; 防护等级: IP67	—
●	LED 投光灯	功率: 12 W; 光束角: 12°; 色温: 3500 K; $R_a \geq 85$; SDCM ≤ 5; DC24 V; 防护等级: IP67	需配防眩光网
●	LED 筒灯	功率: 12 W; 光束角: 45°; 色温: 3500 K; $R_a \geq 85$; SDCM ≤ 5; AC220 V; 开孔尺寸 75 mm; 防护等级: IP67	—
●	LED 窗框灯	功率: 12 W; 光束角: 7°×140° 扇形出光; 色温: 3500 K; $R_a \geq 85$; SDCM ≤ 5; DC24 V; 防护等级: IP67	—
▬	LED 柔性灯带	功率: 12 W/m; 色温: 3500 K; $R_a \geq 85$; SDCM ≤ 5; DC24V; 尺寸: W8×H16; 防护等级: IP67	—
▬	LED 地埋洗墙灯	功率: 12 W/24W; 光束角: 15°×35°; 色温: 3500 K; $R_a \geq 85$; SDCM ≤ 5; DC24 V; 防护等级: IP67	需配防眩光网
▬	LED 大功率地埋洗墙灯	功率: 36 W; 光束角: 15°×35°; 色温: 3500 K; $R_a \geq 85$; SDCM ≤ 5; DC24V; 防护等级: IP67	—

一层平面照明布灯图（制图：郑雯俊）

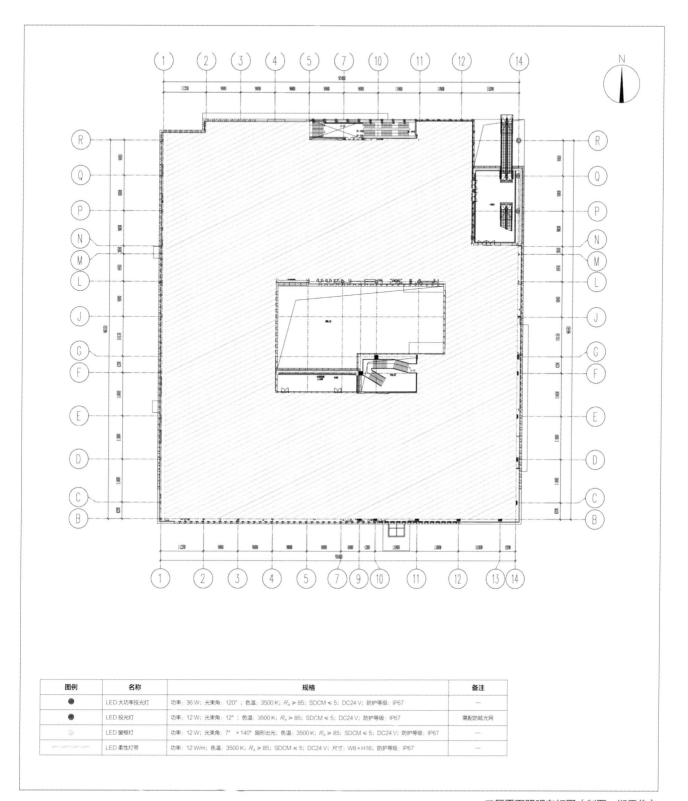

图例	名称	规格	备注
●	LED 大功率投光灯	功率：36 W；光束角：120°；色温：3500 K；$R_a \geq 85$；SDCM ≤ 5；DC24 V；防护等级：IP67	—
●	LED 投光灯	功率：12 W；光束角：12°；色温：3500 K；$R_a \geq 85$；SDCM ≤ 5；DC24 V；防护等级：IP67	需配防眩光网
◌	LED 窗框灯	功率：12 W；光束角：7°×140° 扇形出光；色温：3500 K；$R_a \geq 85$；SDCM ≤ 5；DC24 V；防护等级：IP67	—
～～	LED 柔性灯带	功率：12 W/m；色温：3500 K；$R_a \geq 85$；SDCM ≤ 5；DC24 V；尺寸：W8×H16；防护等级：IP67	—

二层平面照明布灯图（制图：郑雯俊）

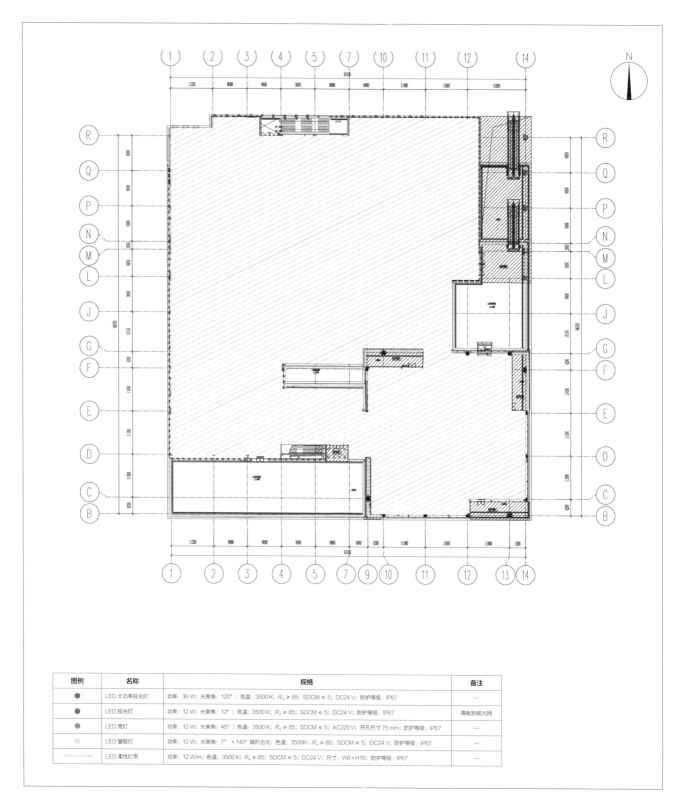

图例	名称	规格	备注
●	LED 大功率投光灯	功率：36 W；光束角：120°；色温：3500 K；R_a ≥ 85；SDCM ≤ 5；DC24 V；防护等级：IP67	—
●	LED 投光灯	功率：12 W；光束角：12°；色温：3500 K；R_a ≥ 85；SDCM ≤ 5；DC24 V；防护等级：IP67	需配防眩光网
●	LED 筒灯	功率：12 W；光束角：45°；色温：3500 K；R_a ≥ 85；SDCM ≤ 5；AC220 V；开孔尺寸 75 mm；防护等级：IP67	—
○	LED 窗框灯	功率：12 W；光束角：7°×140° 扇形出光；色温：3500K；R_a ≥ 85；SDCM ≤ 5；DC24 V；防护等级：IP67	—
—	LED 柔性灯带	功率：12 W/m；色温：3500 K；R_a ≥ 85；SDCM ≤ 5；DC24 V；尺寸：W8×H16；防护等级：IP67	—

三层平面照明布灯图（制图：郑雯俊）

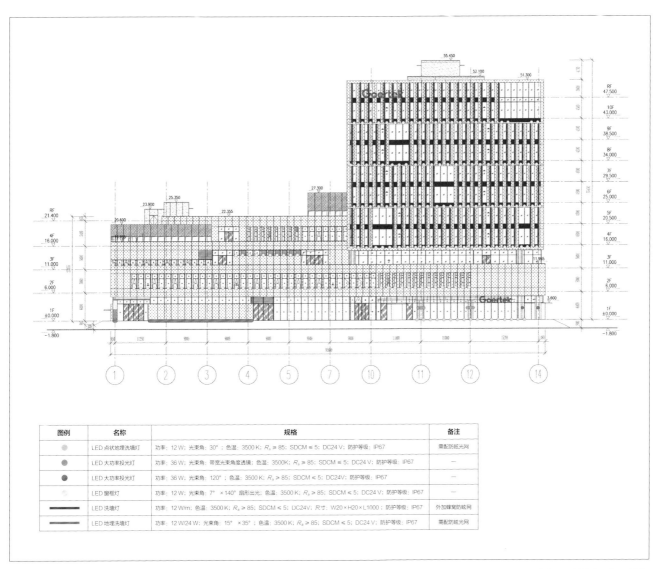

图例	名称	规格	备注
⬤	LED 点状地埋洗墙灯	功率：12 W；光束角：30°；色温：3500 K；$R_a \geq 85$；SDCM ≤ 5；DC24 V；防护等级：IP67	需配防眩光网
⬤	LED 大功率投光灯	功率：36 W；光束角：带宽光束角度透镜；色温：3500K；$R_a \geq 85$；SDCM ≤ 5；DC24 V；防护等级：IP67	—
⬤	LED 大功率投光灯	功率：36 W；光束角：120°；色温：3500 K；$R_a \geq 85$；SDCM ≤ 5；DC24V；防护等级：IP67	—
⬡	LED 窗框灯	功率：12 W；光束角：7°×140° 扇形出光；色温：3500 K；$R_a \geq 85$；SDCM ≤ 5；DC24 V；防护等级：IP67	—
▬▬	LED 洗墙灯	功率：12 W/m；色温：3500 K；$R_a \geq 85$；SDCM ≤ 5；DC24V；尺寸：W20×H20×L1000；防护等级：IP67	外加蜂窝防眩网
▬▬	LED 地埋洗墙灯	功率：12 W/24 W；光束角：15°×35°；色温：3500 K；$R_a \geq 85$；SDCM ≤ 5；DC24 V；防护等级：IP67	需配防眩光网

轴立面灯具照明布灯图（制图：郑雯俊）

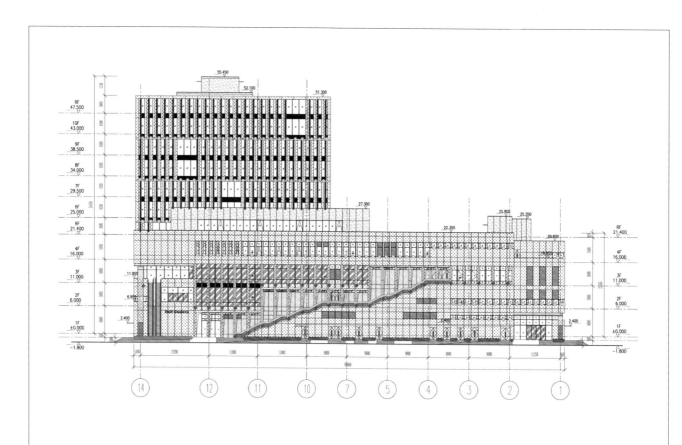

图例	名称	规格	备注
●	LED 大功率投光灯	功率: 36 W; 光束角: 120°; 色温: 3500 K; $R_a \geq 85$; SDCM ≤ 5; DC24V; 防护等级: IP67	—
●	LED 投光灯	功率: 12 W; 光束角: 12°; 色温: 3500 K; $R_a \geq 85$; SDCM ≤ 5; DC24V; 防护等级: IP67	需配防眩光网
○	LED 窗框灯	功率: 12 W; 光束角: 7°×140° 扇形出光; 色温: 3500K; $R_a \geq 85$; SDCM ≤ 5; DC24 V; 防护等级: IP67	—
▬	LED 洗墙灯	功率: 12 W/m; 色温: 3500K; $R_a \geq 85$; SDCM ≤ 5; DC24V; 尺寸: W20×H20×L1000; 防护等级: IP67	外加蜂窝防眩光网
▬	LED 柔性灯带	功率: 12 W/m; 色温: 3500K; $R_a \geq 85$; SDCM ≤ 5; DC24 V; 尺寸: W8×H16; 防护等级: IP67	—
▬	LED 地埋洗墙灯	功率: 12 W/24 W; 光束角: 15°×35°; 色温: 3500 K; $R_a \geq 85$; SDCM ≤ 5; DC24 V; 防护等级: IP67	需配防眩光网
▬	LED 大功率地埋洗墙灯	功率: 36 W; 光束角: 15°×35°; 色温: 3500 K; $R_a \geq 85$; SDCM ≤ 5; DC24 V; 防护等级: IP67	—

轴立面灯具照明布灯图（制图：郑雯俊）

铝板立面灯具安装的注意事项

铝板作为当前建筑的主流材料，与灯具安装结合时，需要注意以下几点：

● 荷载问题

如果铝板结构脆弱，则需要幕墙设计方与照明设计方复核载重，避免大批量设备安装后产生安全问题。

● 防水问题

如果在铝板表面安装灯具，则要特别注意开孔处的防水问题，最好与幕墙设计方沟通好，以结构防水，不能简单依靠打胶来封闭，避免因使用年限太久而产生漏水问题。电气连接需要复核安全标准，使用防水连接线和线缆，防止发生电气故障和短路，最好将电源线引至灯具背后，注意防水处理。

● 固定方式

如果是线条形灯具，则可以在幕墙中预留弹性槽来安装灯具，先安装灯具卡扣，待管线敷设完毕后，再安装灯具，这样既解决了灯具与幕墙灯槽缝隙过大的问题，也便于后期维护检修。

● 光照效果

铝板立面灯的受光面材料最好是亚光的，不可以选择光面材料。即使是亚光材料，也要注意照射强度和反射关系，避免产生眩光。另外，铝板立面灯还可能存在拼接不平的问题，平面拼接铝板通常被照效果较佳；如果是曲面拼接，则需要特别注意安装过程中可能产生的

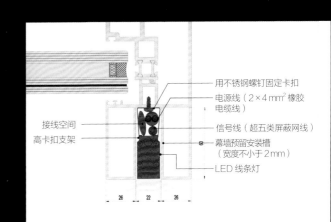

灯具安装节点图（制图：易宗辉）

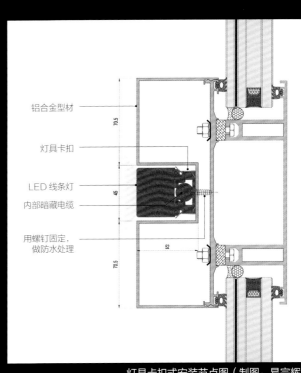

灯具卡扣式安装节点图（制图：易宗辉）

杭州市运河大剧院
重点区域的室内照明设计

照明设计：方方、秦孟达、赵之祥、易宗辉、李威
室内设计：浙江省建筑设计研究院
委 托 方：杭州市拱墅区城中村改造工程指挥部
项目地点：浙江省杭州市
设计时间：2018 年
竣工时间：2021 年
建筑面积：19 000 m²

杭州市运河大剧院位于杭州市拱墅区大运河中央公园，建筑面积约 19 000 m²，地下面积约 50 000 m²。本案照明设计的范围为可容纳 1200 人的主剧场和中庭区域。剧院的建筑形似流水，室内与室外设计风格一脉相承，其舒展的造型与柔和的材质形成涌动的空间气质，令人印象深刻。照明设计从此入手，我们希望通过造型和材质的反射来提升这种疏朗开阔且具有动态感的气质。

主剧场

剧场内围合空间的照明设计，多把顶面和墙面作为两个维度来考虑，以顶面为视觉重点，墙面多用支撑关系来表达。本案的木饰面从观众席地面"生长"而出，覆盖一层和二层的观众席，一直向上伸展，并向两侧延伸。蓝色的观众席被包裹其中，这是空间使人动容之处。

我们从空间的纵向关系入手，从观众席的木饰面开始使用专用的洗墙配光灯，层层晕染至顶面，使其如水流一般，从顶面流淌到地面。横向两侧的延伸关系，则通过增加间接照明和装饰灯带来表现。最终使用多种照明手法从多个维度渲染空间的细腻感；严格控制亮度对比，提升空间品质，最重要的是通过对纵向和横向空间关系的对比，表现了空间向上和向外无限延展的感觉。

以观众席作为主角，给人以位于向外发散空间中的感觉，这一点非常有趣。委托方前期特别举了一些照明体验感不太好的案例，希望灯具尽可能少，因此，我们特别关注了灯具的防眩光值。

中庭竣工照（摄影：王大丑）

主剧场（摄影：王大丑）

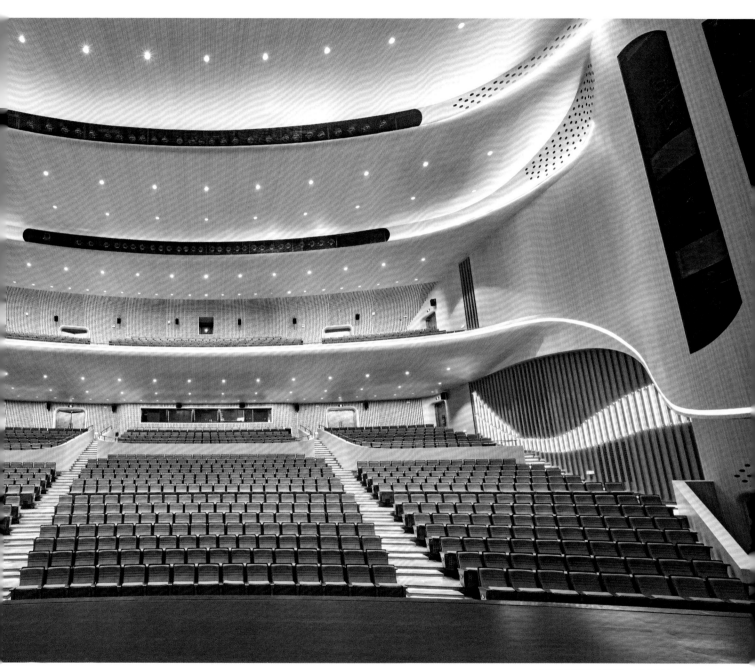

主剧场竣工照（摄影：王大丑）

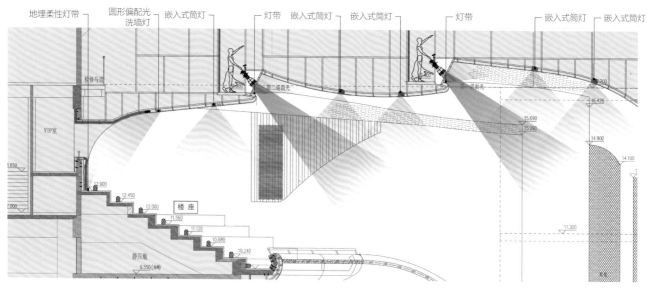

地埋柔性灯带　圆形偏配光洗墙灯　嵌入式筒灯　灯带　嵌入式筒灯　嵌入式筒灯　灯带　嵌入式筒灯　嵌入式筒灯

检修马道

第二道面光

VIP室

16.429

15.690
15.290

14.900

14.100

12.900

12.450

12.000

楼座

11.560

11.300

11.120

10.680

静压舱

10.240

9.550（起坡）

大剧场剖面光晕图（制图：易宗辉）

中庭

　　剧院内场通过照明剖析空间关系，中庭区域的设计像是大运河的涓涓流水，在空间里汇聚又离散。照明设计从顶面和墙面的造型入手，结合空间的结构和装饰，将灯具作为空间的组成部分，既有装饰作用，又解决了功能照明问题，实现对空间的描绘。

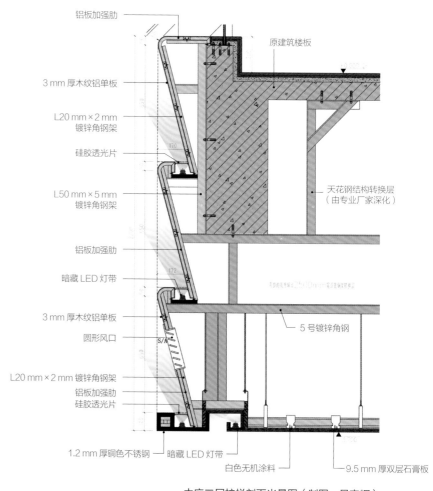

铝板加强肋

原建筑楼板

3 mm 厚木纹铝单板

L20 mm × 2 mm 镀锌角钢架

硅胶透光片

L50 mm × 5 mm 镀锌角钢架

天花钢结构转换层
（由专业厂家深化）

铝板加强肋

暗藏 LED 灯带

3 mm 厚木纹铝单板

圆形风口

5 号镀锌角钢

L20 mm × 2 mm 镀锌角钢架

铝板加强肋

硅胶透光片

1.2 mm 厚铜色不锈钢　暗藏 LED 灯带

白色无机涂料

9.5 mm 厚双层石膏板

中庭二层护栏剖面光晕图（制图：易宗辉）

中庭照明计算灰度图（制图：李威）

中庭竣工照（摄影：王大丑）

中庭竣工照（摄影：王大丑）

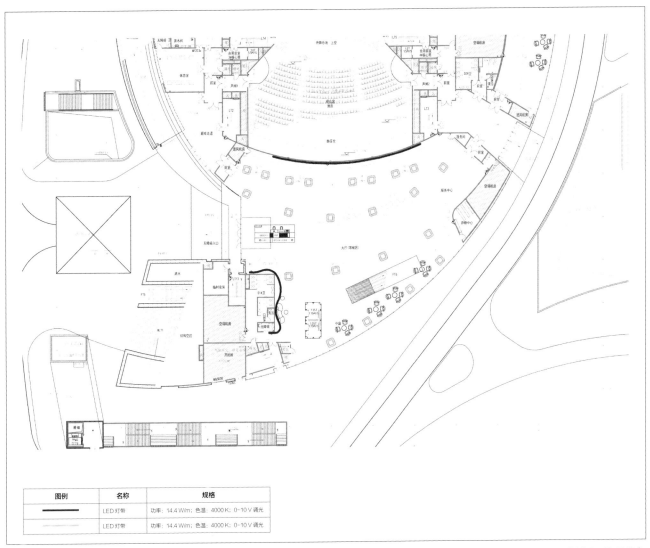

图例	名称	规格
——	LED 灯带	功率: 14.4 W/m; 色温: 4000 K; 0-10 V 调光
——	LED 灯带	功率: 14.4 W/m; 色温: 4000 K; 0-10 V 调光

中庭区一层平面照明布灯图（制图：郑雯俊）

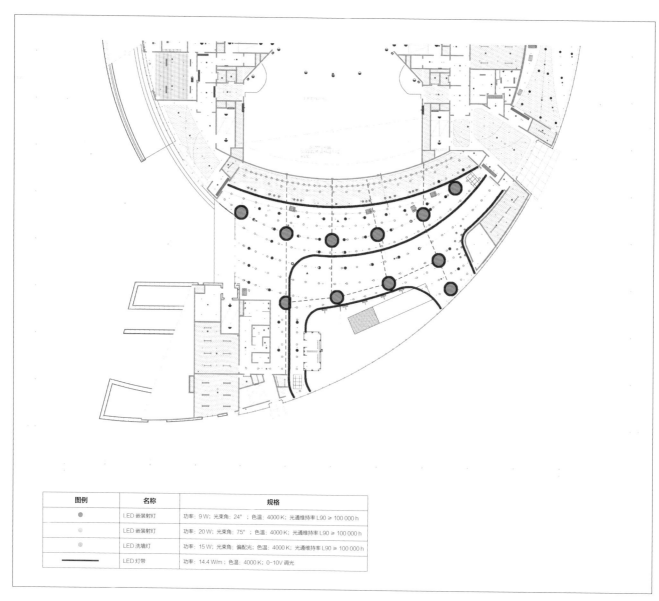

图例	名称	规格
●	LED 嵌装射灯	功率：9 W；光束角：24°；色温：4000 K；光通维持率 L90 ≥ 100 000 h
○	LED 嵌装射灯	功率：20 W；光束角：75°；色温：4000 K；光通维持率 L90 ≥ 100 000 h
◉	LED 洗墙灯	功率：15 W；光束角：偏配光；色温：4000 K；光通维持率 L90 ≥ 100 000 h
——	LED 灯带	功率：14.4 W/m；色温：4000 K；0-10V 调光

中庭区一层顶面照明布灯图（制图：郑雯俊）

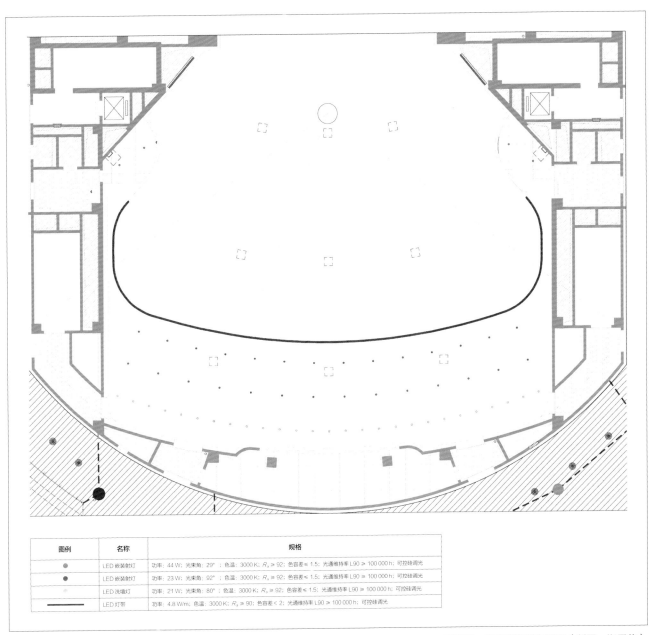

图例	名称	规格
●	LED 嵌装射灯	功率: 44 W; 光束角: 29°; 色温: 3000 K; $R_a \geq 92$; 色容差 ≤ 1.5; 光通维持率 L90 ≥ 100 000 h; 可控硅调光
●	LED 嵌装射灯	功率: 23 W; 光束角: 92°; 色温: 3000 K; $R_a \geq 92$; 色容差 ≤ 1.5; 光通维持率 L90 ≥ 100 000 h; 可控硅调光
⁕	LED 洗墙灯	功率: 21 W; 光束角: 80°; 色温: 3000 K; $R_a \geq 92$; 色容差 ≤ 1.5; 光通维持率 L90 ≥ 100 000 h; 可控硅调光
—	LED 灯带	功率: 4.8 W/m; 色温: 3000 K; $R_a \geq 90$; 色容差 < 2; 光通维持率 L90 ≥ 100 000 h; 可控硅调光

剧场区二层顶面照明布灯图（制图：郑雯俊）

台阶照明的常用手法

在室内空间中，台阶部分的照明虽对安全通行的作用重要，却很容易被人忽视。台阶照明除了提供顶面直接照明外，还可以采用以下几种照明方式：

● 安装间接照明灯槽

将间接照明灯槽直接安装在台阶反口底部，并增加遮光板。

宁波市三江口绿城展厅照度计算伪色图（制图：李威）

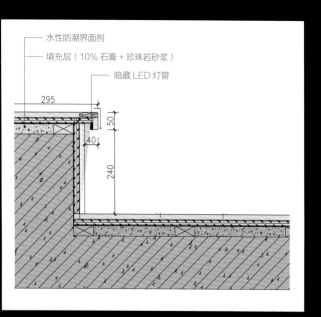

台阶灯带安装节点图（制图：易宗辉）

● 安装小功率地埋灯

直接安装小功率防眩地埋灯，在转折处朝上照明。

余姚市桃李春风样板房照度计算灰度图（制图：李威）

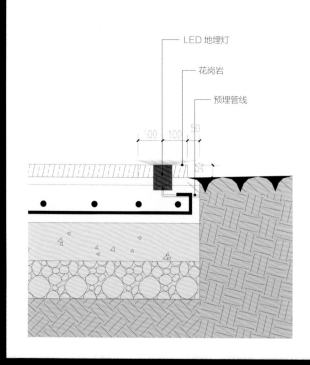

平阳县翡翠海岸城售楼处地埋灯节点图（制图：易宗辉）

●安装嵌入式侧壁灯

在台阶两侧墙面朝台阶面安装嵌入式侧壁灯。

金华市 E 咖啡楼梯照度计算灰度图（制图：李威）

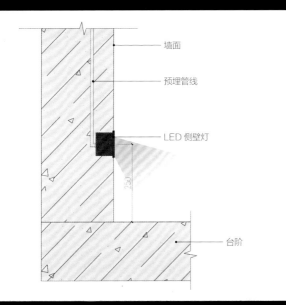

侧壁灯安装节点图（制图：易宗辉）

墙面

预埋管线

LED 侧壁灯

台阶

●安装扶手灯带

在扶手之下安装灯带，注意灯带平直度以及眩光的控制。

田螺山样板房照度计算灰度图（制图：李威）

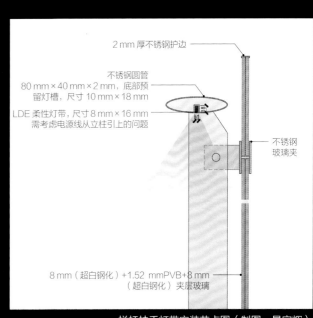

栏杆扶手灯带安装节点图（制图：易宗辉）

2 mm 厚不锈钢护边

不锈钢圆管
80 mm×40 mm×2 mm，底部预
留灯槽，尺寸 10 mm×18 mm

LDE 柔性灯带，尺寸 8 mm×16 mm
需考虑电源线从立柱引上的问题

不锈钢
玻璃夹

8 mm（超白钢化）+1.52 mmPVB+8 mm
（超白钢化）夹层玻璃

水城会客厅——南昌市蔚来汽车"牛屋"

室内照明设计

照明设计：方方、史鸿聪、姚小雷、李威
室内设计：芝作室（LUKSTUDIO）
委 托 方：芝作室（LUKSTUDIO）
项目地点：江西省南昌市
设计时间：2022年
竣工时间：2022年
建筑面积：470 m²

水城会客厅位于南昌市红谷滩新区，是蔚来汽车的首间新标准的"牛屋"（NIO House）。项目位于购物中心的临街跃层空间，一层有南、北两个开放式入口，二层是会员客厅和母婴室等功能空间。从这个项目中我们看到了不同材质和光线的碰撞对空间情绪的塑造。

理念

一层空间的主要材料为白色水磨石和镜面不锈钢，水磨石地面区域以色彩对比度低、漫反射率高为特征，我们采用高照度、低亮度的对比手法来塑造空间气氛，希望呈现明亮且柔和的照明氛围。以低对比度的方式烘托空间的失重感，使用墙面壁龛和顶面灯槽的灯带强调镜像空间，以求符合品牌气质和定位。

二层空间是我们最感兴趣的区域，一部分和一层一样是白色区域，采用穹顶造型。为了强调穹顶造型，我们采用总体照度较低，且低亮度低对比度的照明氛围，把人们的视线拉向水吧台背面和穹顶。白色区域从材料到造型都强调了空间，而木色区域则强调人们体验。木色区域是主要的会客区，设计师希望客人在此得到放松。此处我们营造出两种会客场景：一种是给予沙发区高对比度、低亮度的局部照明，适合小群体洽谈；另一种是给予沙发区高照度、低对比度的均匀照明，适合会议汇报。

二层的水磨石区域，重点强调顶面的天花造型，设计难点是要有均匀的光线反射到穹顶上，同时不能让灯带露出，以免产生眩光。太小的节点很难利用软件的模拟和计算直观地得到结果，所以我们做了实物样板，通过试验得到了合理的节点。

临街入口实景照（摄影：王大丑）

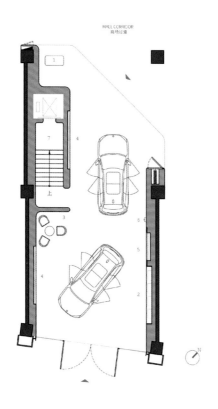

一层平面布局图（图片来源：芝作室）

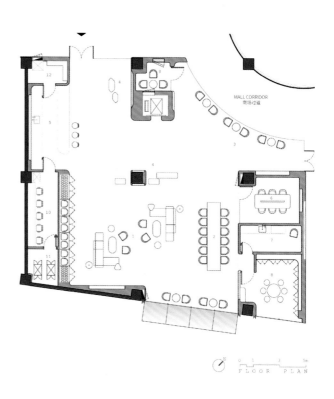

二层平面布局图（图片来源：芝作室）

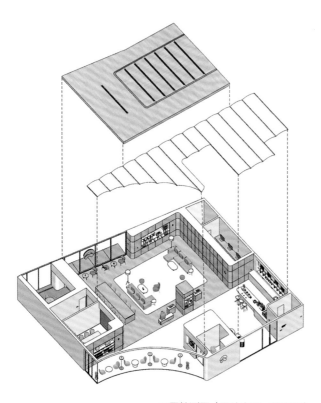

二层轴测图（图片来源：芝作室）

一层展厅 1（摄影：王大丑）

一层展厅 2（摄影：王大丑）

二层水吧区（摄影：王大丑）

二层两区域交界处（摄影：王大丑）

设计手法

虽然一层和二层的照度水平相差了3倍多，但身处其中，两个空间给人的亮度感受并没有太大差异。人眼睛的包容度远超过二维平面的表现能力，照明设计要解决的根本问题还是空间的表达逻辑。一层展示区展示面的平均照度约1300 lx，墙面采用洗墙照明方式提高亮度，降低墙面和地面的亮度落差。在墙面凹进的轮毂展示区局部采用发光软膜，使灯光氛围和空间的整体气质保持一致。

二层的水吧台是商场的重要区域，这里需要增加亮度对比，以振奋精神。吧台背后的水牌、陈列架等都依此原则做了处理，强调横线条以和顶面形成呼应。展台部分按照重点照明逻辑，给予1：8的照度对比度，提醒进入参观的顾客注意它们。

二层以柱子为界，分为两种不同材质的区域，其中木色区又营造出两种不同模式的场景，一种是可以小范围交谈的会客模式，另一种是高朋满座下的汇报模式。灯光也有两种场景模式，会客区桌面上方使用工艺灯，为桌面提供照明。考虑到灯具的实际照度不足，我们又在顶面嵌入重点照明。

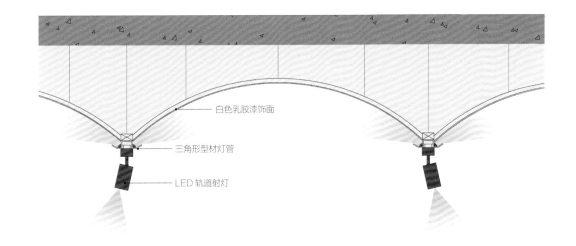

白色乳胶漆饰面

三角形型材灯管

LED 轨道射灯

二层穹顶节点图（制图：易宗辉）

一层发光软膜（摄影：王大丑）

二层水吧展示区（摄影：王大丑）

二层穹顶（商场内部视角）（摄影：王大丑）

二层水吧区（摄影：王大丑）

二层木色区（会客模式）（摄影：王大丑）

二层木色区（汇报模式）（摄影：王大丑）

二层木色区会客区（摄影：王大丑）

二层穹顶（摄影：王大丑）

儿童区色彩丰富，墙面使用软包，照明设计从功能性入手，采用直接照明，为图书区和工作面提供均匀的照度。母婴室主要用于宝妈给3岁以下幼儿换尿片和哺乳等，考虑婴儿娇嫩的眼睛和实际使用需求，未使用直接照明设备，而采用间接照明，将灯带暗藏于设备之后，使整个空间温馨舒适。

一层直达二层的电梯间隐藏在展厅的角落里，为了尽量吸引顾客从这里进入二层，照明设计采用了多种手法丰富空间层次。顶面提供直接照明给指示标；台阶处暗藏间接照明，指引人们拾级而上；扶手处暗藏了灯带，强调空间向上的趋势；电梯门处采用发光软膜，使空间的形式感在细节上达到统一。

儿童区（摄影：王大丑）

母婴室（摄影：王大丑）

楼梯间（摄影：王大丑）

一层楼梯间（摄影：王大丑）

二层电梯口（摄影：王大丑）

反思

本项目的体量虽然不大，但难得的是室内设计方案为照明设计提供了多种氛围的实施条件。从浅色水磨石到木纹，从漂浮感到稳定感，从展示型空间到体验型会客厅，我们得以将多种设计手法应用在同一个空间，体现了对人性化和细节的重视，是一个非常有趣的项目。

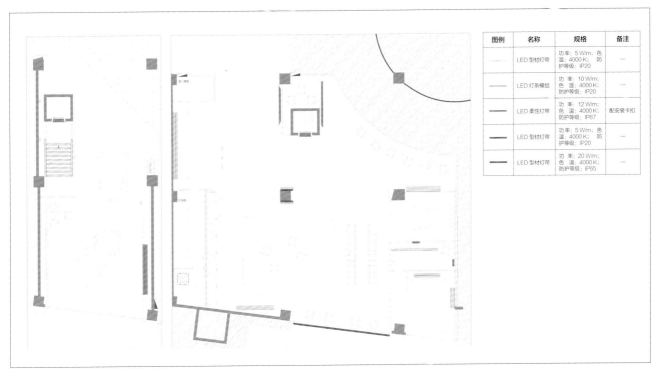

一层平面照明布灯图（制图：郑雯俊）

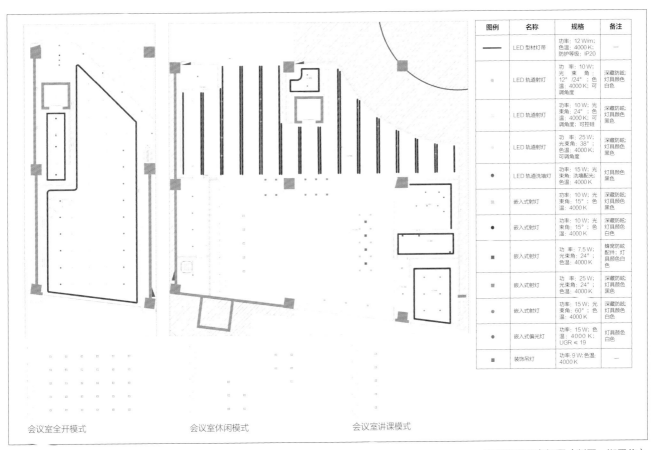

会议室全开模式　　会议室休闲模式　　会议室讲课模式

一层顶面照明布灯图（制图：郑雯俊）

专栏

顶面漫反射照明的常见做法

顶面漫反射照明具有拉高空间、提升空间氛围的作用，具体做法有以下几种：

● 在穹顶上增加构件照明

如本案的做法，需注意平衡暴露灯具和顶面漫反射的关系。

● 增加朝上照明灯具

高大的空间需利用中岛或室内构筑物增加朝上照明的灯具，注意隐蔽灯具，避免产生眩光。

杭州市萧山机场 T4 室内照度模拟灰度图（制图：李威）

"牛屋"室内照度模拟灰度图（制图：李威）

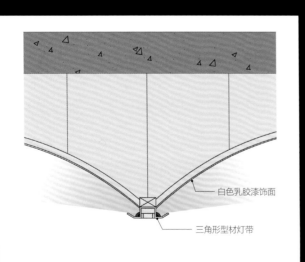

穹顶灯具安装节点图（制图：易宗辉）

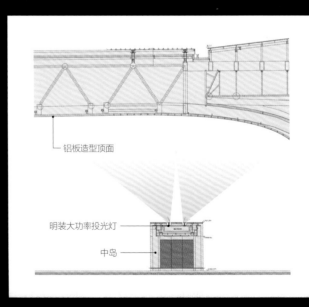

杭州市萧山机场室内上投光节点图（制图：易宗辉）

● 朝上安装偏配光灯具

光线打向顶面，灯具采用嵌入式或明装。

潍坊市歌尔综合服务楼照度模拟灰度图（制图：李威）

杭州国家版本馆南大门照度模拟灰度图（制图：李威）

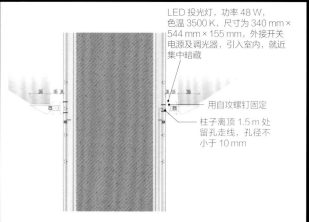

LED 投光灯，功率 48 W，色温 3500 K，尺寸为 340 mm × 544 mm × 155 mm，外接开关电源及调光器，引入室内，就近集中暗藏

用自攻螺钉固定

柱子离顶 1.5 m 处留孔走线，孔径不小于 10 mm

潍坊市歌尔综合服务楼明装式洗墙灯节点图（制图：易宗辉）

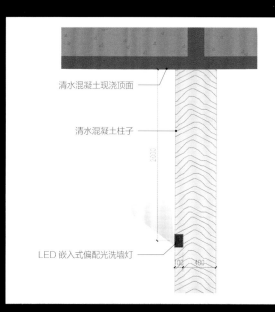

清水混凝土现浇顶面

清水混凝土柱子

LED 嵌入式偏配光洗墙灯

杭州国家版本馆嵌入式洗墙灯节点图（制图：易宗辉）

余姚市桃李春风生活馆

建筑、室内照明设计

照明设计：方方、钱益航、张诚炜、赵之祥、姚小雷

建筑设计：gad 杰地设计

室内设计：深圳市水平线室内设计有限公司

景观设计：苏州东方园林工程有限公司

委 托 方：余姚市开投蓝城投资开发有限公司

项目地点：浙江省宁波市

设计时间：2021 年

竣工时间：2022 年

建筑面积：3000 m²

桃李春风生活馆坐落于余姚市三七市镇田螺山遗址馆旁。田螺山遗址是浙江省重要的河姆渡文化遗址，其文化层覆盖了 5500 ~ 7000 年之久，其发现对研究河姆渡文化的时空分布格局和社会规模具有突破性的价值。项目位于遗址之畔，是综合配套型小镇产品。

本次照明设计的范围是用于展示、会客的生活馆，生活馆设计风格从产品定位出发，将传统庭院的情景交融特点融入建筑、室内、景观设计中。设计时，我们努力挖掘文化脉络并将其呈现在项目中。本案有大量室内外混合角度的穿插过渡，处处寓情于景，对照明设计提出了新的要求——在相互交融的空间里，照明设计要处理好空间交割、场景更替。我们非常荣幸受到委托，设计本案的建筑及室内照明，可以从多角度探索室内外照明的场景交融如何影响空间关系。

稻田餐厅竣工照（摄影：王大丑）

建筑设计鸟瞰效果图（图片来源：gad 杰地设计）

1 主入口
2 时代展厅
3 茶艺花坊
4 国学馆
5 生活馆
6 稻田餐厅

总平面图（制图：易宗辉）

建筑部分

英国逻辑学家奥卡姆曾提出"奥卡姆剃刀原则"：如无必要，勿增实体。在探究本案的特性时，我们定下一个目标：如果室内照明可以参与建筑照明的构图，就充分发挥其内透光的作用，不浪费多余的设备。内光外透的做法并非最近才有，美国纽约市的西格拉姆大厦内透的光辉自1958年建成时一直闪耀至今。

照明设计不能脱离载体而单独存在，我们应从建筑存在的合理性考虑。从产品定位来看，本案主要承载场景展示功能，六幢独立的建筑包括洽谈、会议、展示、交流、宴请等辅助功能。从某种意义上来说，它是一个融入自然的分散型会客厅，房屋和庭院都是客厅的一部分，这一点有别于传统中式庭院居住、行游结合的特点。

建筑外观最突出的特征是大屋顶。大屋顶造型的传统形制主要包括庑殿顶、歇山顶、悬山顶、硬山顶、攒尖顶、卷棚顶等。传统大屋顶强调屋脊，屋面多有凹曲线，正如建筑学家刘致平先生所言："中国屋面之所以有凹曲线，主要是因为立柱多，不同高的柱头彼此不能画成一直线，所以宁愿逐渐加举做成凹曲线，以免屋面有高低不平之处。"

本案的建筑屋顶虽然取传统之形，但依托于现代建造技术，不需要过多的立柱来承重，因此屋顶的造型有别于传统形制屋顶反宇飞檐的活泼灵动。整个坡面平直、拙朴，有庑殿顶雄浑的意味。结合整个场所围合的态势，自上而下、由内而外传达出庇护和安全的信息。

对建筑照明而言，对围合态势的强调胜于挑动建筑朝外部空间的侵扰。我们没有给予屋顶照明，而是以处理屋顶以下直至墙面为主，屋顶留白，使场所的丰富性笼罩在拙朴的大屋顶之下。

建筑屋顶采用留白设计，屋顶下方的设计元素却十分丰富，山墙部分采用大玻璃和立柱结合的形式，从外部可以看到内部屋顶的形式，局部有石墙遮挡，赋予建筑隐喻的意味。重点在于强调内外屋顶、屋檐的交融关系。在外部，线形灯具隐藏在立柱横梁上，交圈时请幕墙专业人员留出节点槽。

建筑师处理围合关系时，使用了落地玻璃和石材两种材料。照明设计上采用内透光的照明手法，石材部分则使用地埋式线形灯具，并加装防眩装置，既不影响行人通行，又给予立面完整的表达载体。

稻田餐厅在较高的平台上，在这里可以俯瞰一片稻田，是士大夫情怀之"结庐于天地，私境浑悠远"的体现。照明设计对屋顶的留白和这种朴素的审美情趣是相符的。稻田餐厅屋顶下有玻璃盒子叠级，为了保证玻璃盒子的形状完整，在向上的面内部特地增加了照明。

稻田餐厅建筑设计效果图 1（图片来源：gad 杰地设计）

稻田餐厅建筑设计效果图 2（图片来源：gad 杰地设计）

入口处竣工照（摄影：王大丑）

稻田餐厅竣工照（摄影：王大丑）

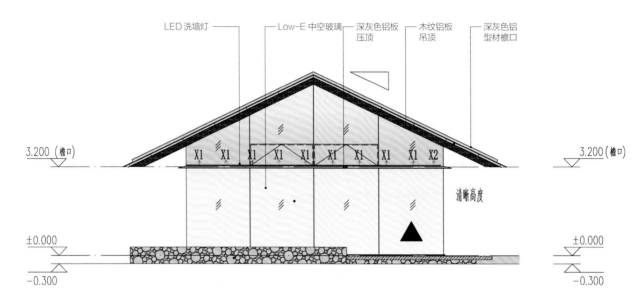

LED 洗墙灯   Low-E 中空玻璃   深灰色铝板压顶   木纹铝板吊顶   深灰色铝型材檐口

3.200（檐口）

X1 X1 X1 X1 X1 X1 X1 X1 X1 X2

3.200（檐口）

清晰高度

±0.000

±0.000

−0.300

−0.300

稻田餐厅山墙部分布灯位置（制图：易宗辉）

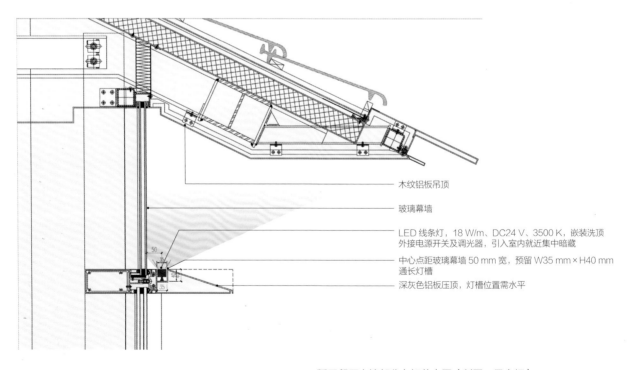

木纹铝板吊顶

玻璃幕墙

LED 线条灯，18 W/m、DC24 V、3500 K，嵌装洗顶
外接电源开关及调光器，引入室内就近集中暗藏

中心点距玻璃幕墙 50 mm 宽，预留 W35 mm×H40 mm
通长灯槽

深灰色铝板压顶，灯槽位置需水平

稻田餐厅山墙部分布灯节点图（制图：易宗辉）

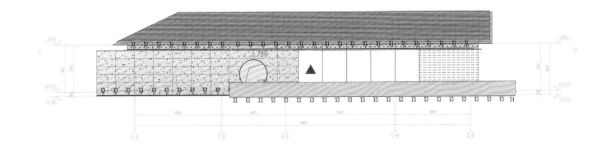

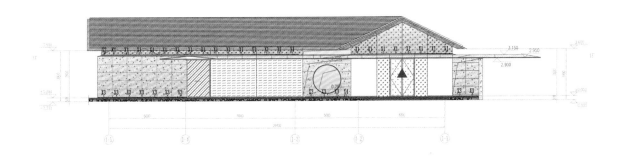

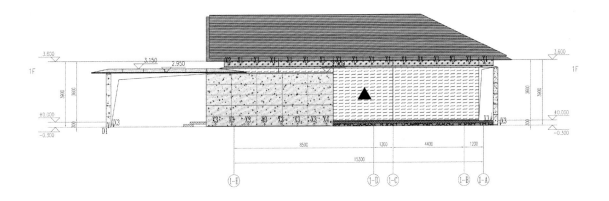

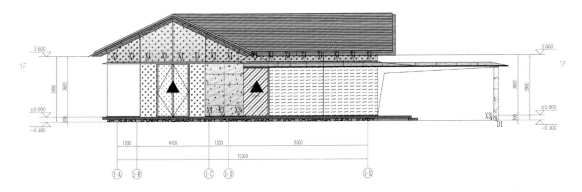

时代展厅局部立面光晕图（制图：易宗辉）

国学馆内部竣工照（摄影：张锡）

国学馆外部竣工照（摄影：张锡）

生活馆竣工照（摄影：王大丑）

庭院部分

"深深庭院清明过，桃李初红破。柳丝搭在玉阑干，帘外潇潇微雨、做轻寒"，苏轼写的庭院对画面感的描绘可谓精妙至极。对士大夫来说，庭院的观赏性远大于实用性，造一方天地，选石、引水、造景，无论畅游其中还是临窗观景，表现的都是人与自然的交融共处，所谓"主人无俗态，筑圃见文心"。本案的庭院和建筑在结构上并无遮蔽，所有建筑都有大落地窗，观景即是观院落景观和建筑本身。照明设计上，我们分析了从内朝外观赏的角度，确定丰富外部灯光的手法，由建筑屋顶、立面（内透＋石材）、植物、灌木几个层级组成。

茶艺花坊庭院竣工照（摄影：王大丑）

时代展厅庭院竣工照（摄影：王大丑）

室内部分

在室内照明设计的处理上，为了保证外立面的完整性和丰富性，利用下挂的窗幔强调照明，并通过内部多样化的照明手法，拉高屋顶和立面的照度水平。在大屋顶内部和外部相互交融的照明处理上，使用多种间接照明方式来表达空间质感。最终，质朴的材料和多变的结构在灯光的作用下和建筑、景观交相映衬。

茶艺花坊内部竣工照（摄影：王大丑）

时代展厅内部竣工照 1（摄影：王大丑）

时代展厅内部竣工照 2（摄影：张锡）

时代展厅室内照度模拟灰度图（制图：李威）

时代展厅沙盘区竣工照（摄影：王大丑）

竣工照（摄影：张锡）

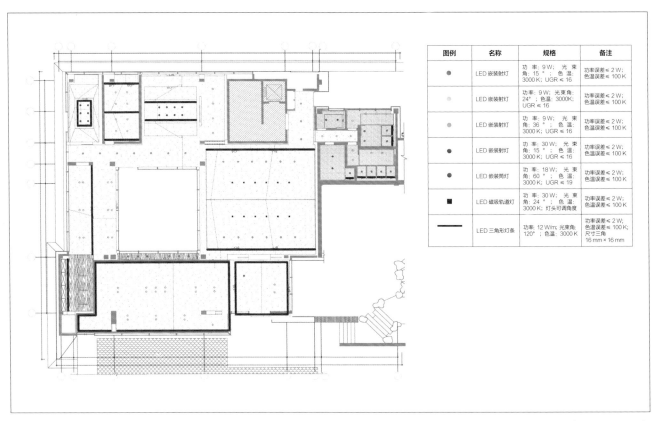

图例	名称	规格	备注
●	LED 嵌装射灯	功率：9 W；光束角：15°；色温：3000 K；UGR ≤ 16	功率误差 ≤ 2 W；色温误差 ≤ 100 K
○	LED 嵌装射灯	功率：9 W；光束角：24°；色温：3000 K；UGR ≤ 16	功率误差 ≤ 2 W；色温误差 ≤ 100 K
●	LED 嵌装射灯	功率：9 W；光束角：36°；色温：3000 K；UGR ≤ 16	功率误差 ≤ 2 W；色温误差 ≤ 100 K
●	LED 嵌装射灯	功率：30 W；光束角：15°；色温：3000 K；UGR ≤ 16	功率误差 ≤ 2 W；色温误差 ≤ 100 K
●	LED 嵌装筒灯	功率：18 W；光束角：60°；色温：3000 K；UGR ≤ 19	功率误差 ≤ 2 W；色温误差 ≤ 100 K
■	LED 磁吸轨道灯	功率：30 W；光束角：24°；色温：3000 K；灯头可调角度	功率误差 ≤ 2 W；色温误差 ≤ 100 K
▬	LED 三角形灯条	功率：12 W/m；光束角：120°；色温：3000 K	功率误差 ≤ 2 W；色温误差 ≤ 100 K；尺寸三角16 mm × 16 mm

生活馆一层顶面照明布灯图（制图：郑雯俊）

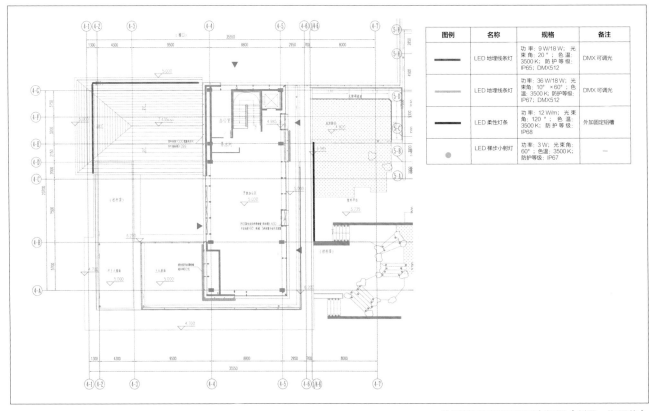

图例	名称	规格	备注
▬	LED 地埋线条灯	功率：9 W/18 W；光束角：20°；色温：3500 K；防护等级：IP65；DMX512	DMX 可调光
▬	LED 地埋线条灯	功率：36 W/18 W；光束角：10°×60°；色温：3500 K；防护等级：IP67；DMX512	DMX 可调光
▬	LED 柔性灯条	功率：12 W/m；光束角：120°；色温：3500 K；防护等级：IP68	外加固定铝槽
●	LED 梯步小射灯	功率：3 W；光束角：60°；色温：3500 K；防护等级：IP67	—

生活馆二层平面照明布灯图（制图：郑雯俊）

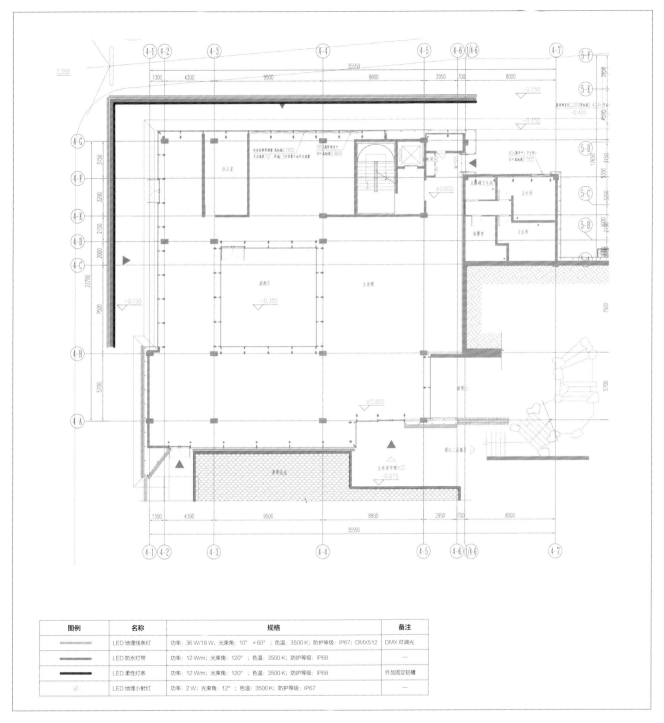

图例	名称	规格	备注
	LED 地埋线条灯	功率：36 W/18 W；光束角：10°×60°；色温：3500 K；防护等级：IP67；DMX512	DMX 可调光
	LED 防水灯带	功率：12 W/m；光束角：120°；色温：3500 K；防护等级：IP68	—
	LED 柔性灯条	功率：12 W/m；光束角：120°；色温：3500 K；防护等级：IP68	外加固定铝槽
	LED 地埋小射灯	功率：2 W；光束角：12°；色温：3500 K；防护等级：IP67	—

生活馆一层平面照明布灯图（制图：郑雯俊）

157

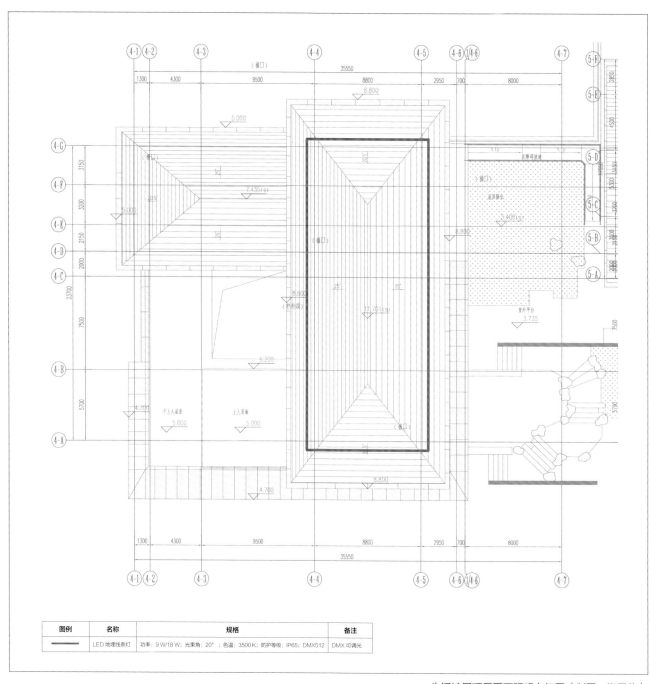

图例	名称	规格	备注
———	LED地埋线条灯	功率：9 W/18 W；光束角：20°；色温：3500 K；防护等级：IP65；DMX512	DMX可调光

生活馆屋顶层平面照明布灯图（制图：郑雯俊）

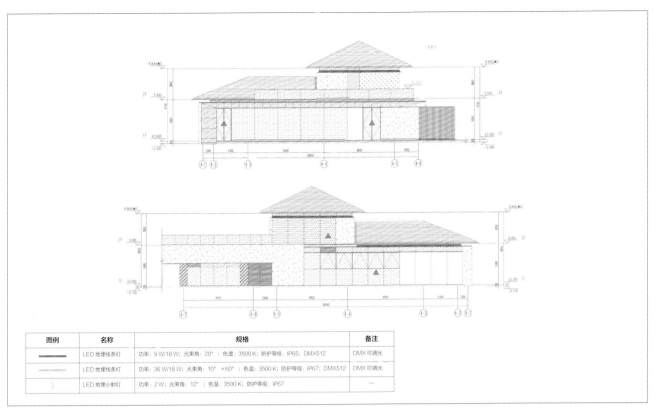

图例	名称	规格	备注
	LED 地埋线条灯	功率：9 W/18 W；光束角：20°；色温：3500 K；防护等级：IP65；DMX512	DMX 可调光
	LED 地埋线条灯	功率：36 W/18 W；光束角：10°×60°；色温：3500 K；防护等级：IP67；DMX512	DMX 可调光
	LED 地埋小射灯	功率：2 W；光束角：12°；色温：3500 K；防护等级：IP67	—

生活馆立面灯具照明布灯图 1（制图：郑雯俊）

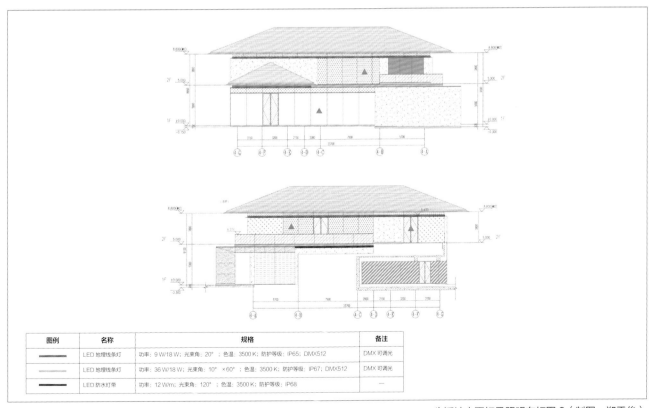

图例	名称	规格	备注
	LED 地埋线条灯	功率：9 W/18 W；光束角：20°；色温：3500 K；防护等级：IP65；DMX512	DMX 可调光
	LED 地埋线条灯	功率：36 W/18 W；光束角：10°×60°；色温：3500 K；防护等级：IP67；DMX512	DMX 可调光
	LED 防水灯带	功率：12 W/m；光束角：120°；色温：3500 K；防护等级：IP68	—

生活馆立面灯具照明布灯图 2（制图：郑雯俊）

专栏

柜内照明的常见方法

柜内照明在空间中起补充照明、丰富层次的作用，具体做法可参考以下几种：

●将灯带暗藏在构件内

结合柜体框架，将灯带暗藏在构件内进行照明，需要考虑构件的位置和管线，以及驱动器的隐蔽性。

本案照度模拟灰度图（制图：李威）

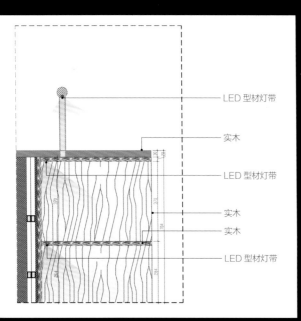

柜内灯带安装节点图（制图：易宗辉）

●将灯带安装在层板上方或下方

根据视线高度，调整其朝上或朝下方向，注意：为了避免在两端产生三角形光斑，可采用专用的配光灯带或两端直接缩进几厘米。

本案计算灰度图（制图：李威）

无明显光斑的灯具安装示意图（制图：易宗辉）

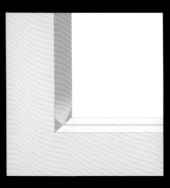

有明显光斑的灯具安装示意图（制图：易宗辉）

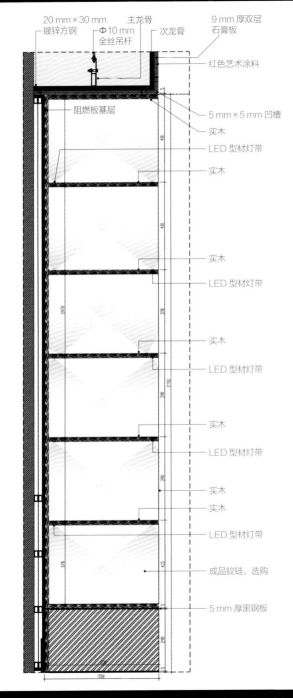

20 mm × 30 mm 镀锌方钢
Φ10 mm 全丝吊杆
主龙骨
次龙骨
9 mm 厚双层石膏板

红色艺术涂料

阻燃板基层

5 mm × 5 mm 凹槽
实木

LED 型材灯带

实木

实木

LED 型材灯带

实木

LED 型材灯带

实木

实木

LED 型材灯带

成品铰链，选购

5 mm 厚黑钢板

柜内灯带安装节点图（制图：易宗辉）

●在壁龛空腔内顶面安装射灯

在壁龛空腔内顶面安装朝下的射灯，根据被照物体的大小和距离采取不同功率和光束角的灯具。

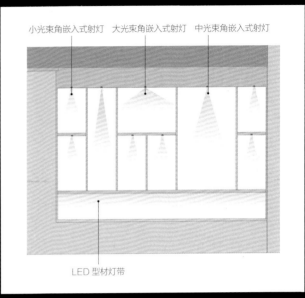

小光束角嵌入式射灯　大光束角嵌入式射灯　中光束角嵌入式射灯

LED 型材灯带

柜内不同光束角射灯安装示意图（制图：易宗辉）

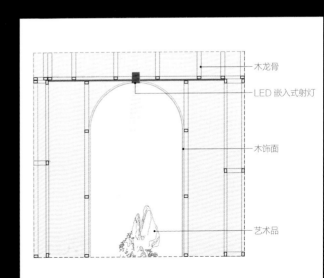

木龙骨

LED 嵌入式射灯

木饰面

艺术品

壁龛射灯安装节点图（制图：易宗辉）

福州市船政书局
室内照明设计

照明设计：方方、易宗辉、李威、姚小雷、张露
室内设计：万境设计（WJ STUDIO）
委 托 方：万境设计（WJ STUDIO）
项目地点：福建省福州市
设计时间：2020 年
竣工时间：2021 年
建筑面积：470 m²

船政书局位于福州市马尾公园内，室内以"船"为设计元素，将整个书局想象为一艘在文化浪潮中航行的方舟。这是一个老建筑改造项目，室内设计保留了大量的原空间元素，比如红砖墙、金属管道等，为了契合空间气质，加入黑色的金属构件等新元素，确保整体风格的一致性。

理念

旧建筑改造型项目拥有新建项目不具备的复杂肌理和空间结构，照明设计从船舶的外观入手，为项目寻找三个层次的光线肌理。第一层次是用地面预埋线条灯对砖墙进行照明；第二层次是对内核部分，包括入口大台阶、接待区、铁艺书架、圆形木书屋进行渲染；第三层次是对大屋顶和吊装的木船模型进行重点照明。

木船模型区（摄影：张锡）

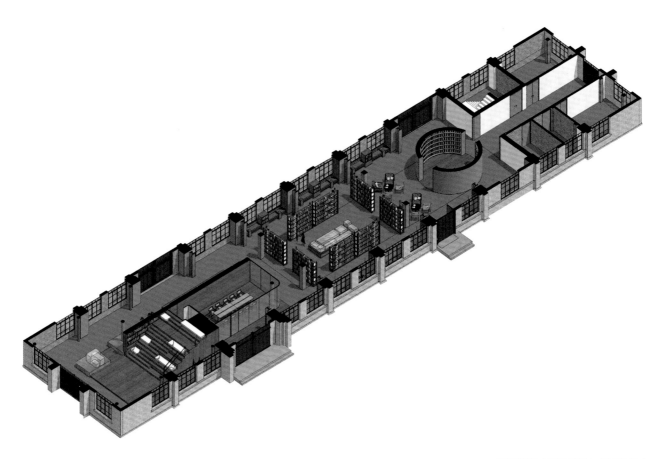

一层轴测图（图片来源：万境设计）

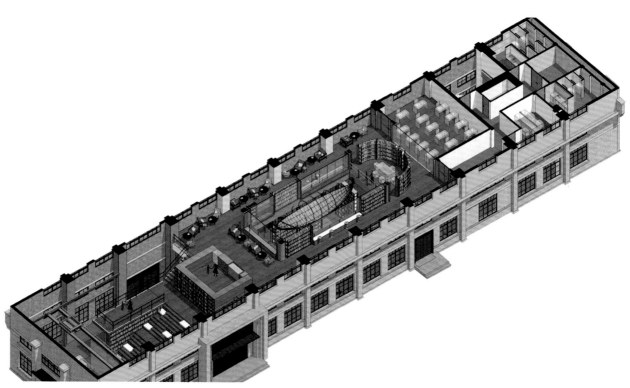

二层轴测图（图片来源：万境设计）

设计手法

因砖墙高度和安装条件不同，一层采用大功率地埋线条灯朝上照明，二层采用小功率软管线条灯。大功率地埋灯和软管线条灯照射强度相差较大，故而采用了不同的距墙尺寸，大功率地埋灯距墙 150 mm 宽，软管线条灯则距墙 50 mm 宽。

中位照明在空间里决定了视线的引导和分割，为了把客人引至二层，室内设计师将一组大台阶立于入口处。照明设计师通过亮度进行引导，将视线重点放在台阶侧面和二层背面的书架上，与室内设计的意图相匹配。

在狭窄的走廊两侧，照明设计尽量将视线重点转移到玻璃会议室背景墙和接待台墙面等处，始终将视线重点控制在较远处，弱化了空间狭窄带来的逼仄感。全场的表现重点在于悬吊木船模型的书架区，作为内外通透型书架，需要考虑在两侧皆能被照亮的同时，避免产生眩光。由于顶面是高反射镜面材质，因此对木船的照明只能通过安装在两侧的可调节明装射灯来完成。我们给予该区域的照明远超两侧普通通行和休憩区域的照度，因深色材质的原因，亮度上无法和浅色材质相论。

空间末端的圆形木书屋起隔绝营业区和办公区的作用，我们用了较高的亮度，外围的上下都利用灯带进行渲染。在内部，每一层的层板处都使用了两层灯带，强化圆形结构在空间中的延伸感。

反思

因为现场施工次序问题，只保留了入口大厅处的人字形顶面的洗亮线条灯，后场部分无法安装，只能依靠地面线条进行微弱的照明。顶面工业风的各种桁架也是表现力极强的构件，如果有条件，可以通过对不同的组件给予不同照明力度来帮助人们感知空间气氛。

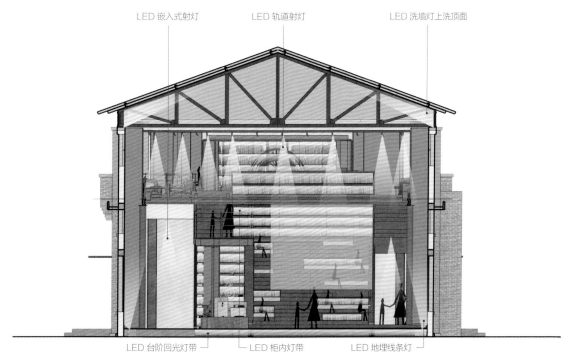

LED 嵌入式射灯　　　LED 轨道射灯　　　LED 洗墙灯上洗顶面

LED 台阶回光灯带　　　LED 柜内灯带　　　LED 地埋线条灯

入口处光晕剖面图（制图：易宗辉）

层板内嵌灯带　　　　　　LED 发光灯带　　　　　LED 射灯照亮　　　　　柜体自发光（展陈公司深化设计）
　　　　　　　　　　　　　　　　　　　　　　装置艺术品

木船模型区剖面光晕示意（制图：易宗辉）

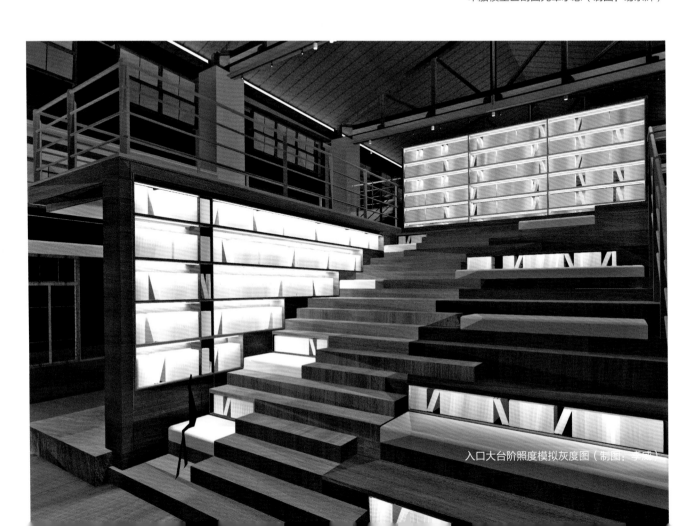

入口大台阶照度模拟灰度图（制图：李昭）

从入口看砖墙和大台阶（摄影：张锡）

从入口看二层（摄影：张锡）

圆形木屋书架区（摄影：张锡）

二层砖墙局部（摄影：张锡）

二层休息区（摄影：张锡）

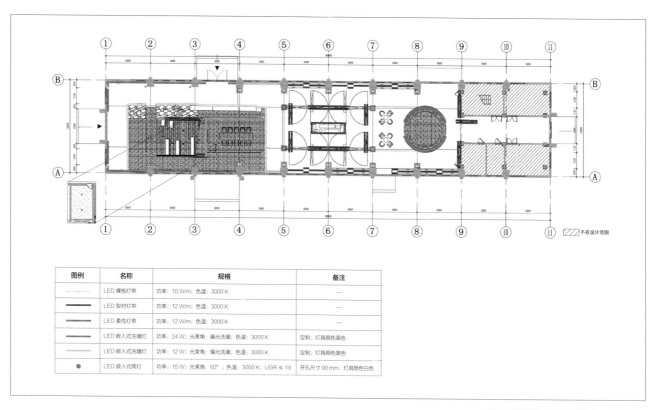

一层平面照明布灯图（制图：郑雯俊）

图例	名称	规格	备注
	LED 裸板灯带	功率：10 W/m；色温：3000 K	—
	LED 型材灯带	功率：12 W/m；色温：3000 K	—
	LED 柔性灯带	功率：12 W/m；色温：3000 K	—
	LED 嵌入式洗墙灯	功率：24 W；光束角：偏光洗墙；色温：3000 K	定制；灯具颜色黑色
	LED 嵌入式洗墙灯	功率：12 W；光束角：偏光洗墙；色温：3000 K	定制；灯具颜色黑色
●	LED 嵌入式筒灯	功率：15 W；光束角：60°；色温：3000 K；UGR ≤ 19	开孔尺寸 90 mm；灯具颜色白色

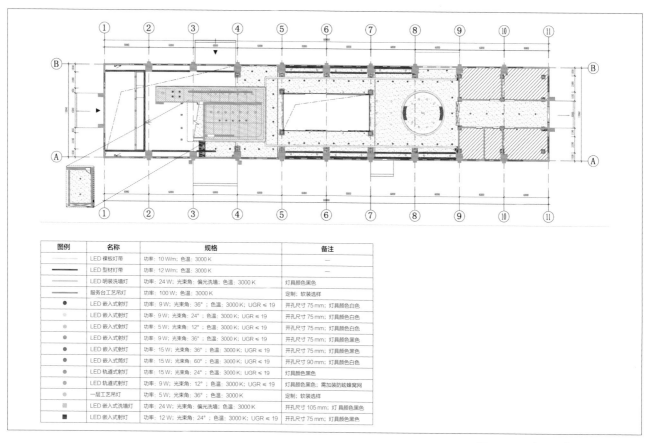

一层顶面照明布灯图（制图：郑雯俊）

图例	名称	规格	备注
	LED 裸板灯带	功率：10 W/m；色温：3000 K	—
	LED 型材灯带	功率：12 W/m；色温：3000 K	—
	LED 明装洗墙灯	功率：24 W；光束角：偏光洗墙；色温：3000 K	灯具颜色黑色
	服务台工艺吊灯	功率：100 W；色温：3000 K	定制；软装选样
●	LED 嵌入式射灯	功率：9 W；光束角：36°；色温：3000 K；UGR ≤ 19	开孔尺寸 75 mm；灯具颜色白色
○	LED 嵌入式射灯	功率：9 W；光束角：24°；色温：3000 K；UGR ≤ 19	开孔尺寸 75 mm；灯具颜色白色
●	LED 嵌入式射灯	功率：5 W；光束角：12°；色温：3000 K；UGR ≤ 19	开孔尺寸 75 mm；灯具颜色白色
●	LED 嵌入式射灯	功率：9 W；光束角：36°；色温：3000 K；UGR ≤ 19	开孔尺寸 75 mm；灯具颜色黑色
●	LED 嵌入式射灯	功率：15 W；光束角：36°；色温：3000 K；UGR ≤ 19	开孔尺寸 75 mm；灯具颜色黑色
●	LED 嵌入式筒灯	功率：15 W；光束角：60°；色温：3000 K；UGR ≤ 19	开孔尺寸 90 mm；灯具颜色白色
●	LED 轨道式射灯	功率：15 W；光束角：24°；色温：3000 K；UGR ≤ 19	灯具颜色黑色
●	LED 轨道式射灯	功率：9 W；光束角：12°；色温：3000 K；UGR ≤ 19	灯具颜色黑色；需加装防眩蜂窝网
○	一层工艺吊灯	功率：5 W；光束角：36°；色温：3000 K	定制；软装选样
■	LED 嵌入式洗墙灯	功率：24 W；光束角：偏光洗墙；色温：3000 K	开孔尺寸 105 mm；灯具颜色黑色
■	LED 嵌入式射灯	功率：12 W；光束角：24°；色温：3000 K；UGR ≤ 19	开孔尺寸 75 mm；灯具颜色黑色

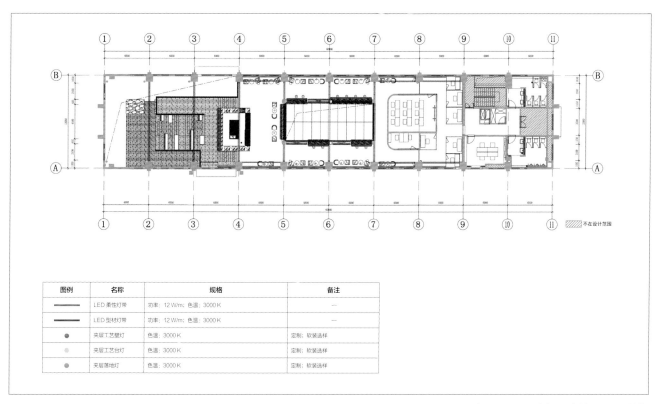

图例	名称	规格	备注
	LED 柔性灯带	功率：12 W/m；色温：3000 K	—
	LED 型材灯带	功率：12 W/m；色温：3000 K	—
●	夹层工艺壁灯	色温：3000 K	定制；软装选样
●	夹层工艺台灯	色温：3000 K	定制；软装选样
●	夹层落地灯	色温：3000 K	定制；软装选样

夹层平面照明布灯图（制图：郑雯俊）

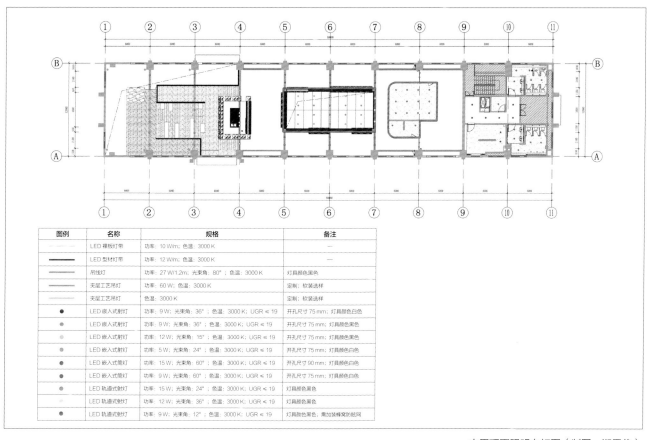

图例	名称	规格	备注
	LED 裸板灯带	功率：10 W/m；色温：3000 K	—
	LED 型材灯带	功率：12 W/m；色温：3000 K	—
	吊线灯	功率：27 W/1.2m；光束角：80°；色温：3000 K	灯具颜色黑色
	夹层工艺吊灯	功率：60 W；色温：3000 K	定制；软装选样
	夹层工艺吊灯	色温：3000 K	定制；软装选样
●	LED 嵌入式射灯	功率：9 W；光束角：36°；色温：3000 K；UGR ≤ 19	开孔尺寸 75 mm；灯具颜色白色
●	LED 嵌入式射灯	功率：9 W；光束角：36°；色温：3000 K；UGR ≤ 19	开孔尺寸 75 mm；灯具颜色黑色
●	LED 嵌入式射灯	功率：12 W；光束角：15°；色温：3000 K；UGR ≤ 19	开孔尺寸 75 mm；灯具颜色黑色
●	LED 嵌入式射灯	功率：5 W；光束角：24°；色温：3000 K；UGR ≤ 19	开孔尺寸 75 mm；灯具颜色白色
●	LED 嵌入式筒灯	功率：15 W；光束角：60°；色温：3000 K；UGR ≤ 19	开孔尺寸 90 mm；灯具颜色白色
●	LED 嵌入式筒灯	功率：9 W；光束角：60°；色温：3000 K；UGR ≤ 19	开孔尺寸 75 mm；灯具颜色白色
●	LED 轨道式射灯	功率：15 W；光束角：24°；色温：3000 K；UGR ≤ 19	灯具颜色黑色
●	LED 轨道式射灯	功率：12 W；光束角：36°；色温：3000 K；UGR ≤ 19	灯具颜色黑色
●	LED 轨道式射灯	功率：9 W；光束角：12°；色温：3000 K；UGR ≤ 19	灯具颜色黑色，需加装蜂窝窝防眩网

夹层顶面照明布灯图（制图：郑雯俊）

复杂空间中射灯的应用

在复杂的空间中,当不具备平整、简单的安装条件时,可将能调整角度的射灯作为首选灯具,在其具体的使用中需注意以下问题:

● 选择合适的光束角

主要考虑两方面条件,安装位置与被照物体之间的距离和被照物体大小。常见的射灯角度有 10°、15°、24°、36° 等。

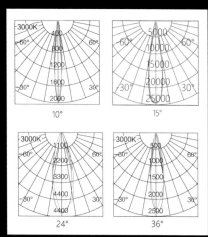

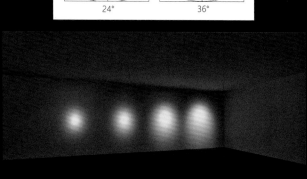

不同光束角示意(制图:易宗辉)

● 射灯并非任何角度调整都无死角

当需要照亮展示墙面时,注意被展览物体和观众之间的角度,以免观众的影子投射在被照物体上。

灯光模拟图(制图:李威)

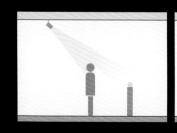

灯光示意图(制图:易宗辉)

● 顶面较为复杂的情况

注意顶面错综的构件是否会和光线产生冲突，尽量避免产生三角形侧光斑。

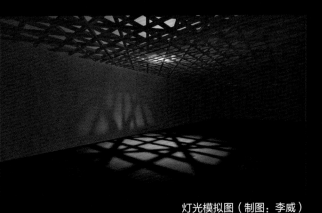

灯光模拟图（制图：李威）

● 选择与灯具厂家匹配的轨道

不同厂家的轨道剖面不同，有可能产生接触不良的情况。如果是多回路轨道，则注意不要接错。

两线轨道　　　三线轨道　　　四线轨道

五线轨道　　　六线轨道

常见轨道剖面示意图（制图：易宗辉）

● 常见磁吸轨道

磁吸轨道规格多种多样，在设计和施工前期，注意设备的大小和安装方式，尤其要注意驱动器的隐蔽位置是否便于检修。

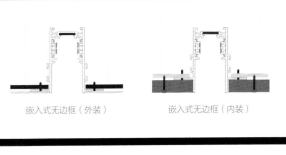

嵌入式无边框（外装）　　　嵌入式无边框（内装）

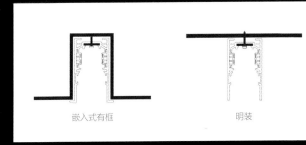

嵌入式有框　　　　明装

常见磁吸轨道安装示意图（制图：易宗辉）

中国美术学院教职工餐厅

室内照明设计

照明设计：方方、赵之祥、李威
委 托 方：中国美术学院
项目地点：浙江省杭州市
设计时间：2019 年
竣工时间：2019 年
建筑面积：1500 m²
撰　　文：方方、易宗辉

2019 年我们接到委托方的委托，当时的难题在于照明设备年久失修，更换和维护不易，给予空间的照度不足。因为原照明线路是在清水混凝土顶面预埋的，所以所有改造都必须在既有管线的基础上进行。此外，委托方还提出了两点要求：一是改善就餐环境，二是兼顾专业考试之用。

我们很高兴委托方以这样的角度来询问照明设计：改善而不是一味地推翻，能预判成本；对结果有期待，注重使用者的感受。现场原灯具是传统的下照荧光工矿灯，发觉设备照明能力不足后，委托方自行更换了一批 LED 光源，但并没有在实质上改善照明效果。

横线条灯具和家具的关系（摄影：雷徐君）

改造前现场照（摄影：方方）

理念

　　本案的建筑特征是四面围合而中间留出庭院，屋顶的坡度从外向内倾斜。原方案关注的是工作面照度的均匀度，采用下照方式把光线都分配给桌面。如果简单更换设备，虽可以解决工作面照度不足的问题，但无法有效提升空间质感。我们的照明方案需兼顾三点：一是因无法调整清水混凝土管线预埋，所以只能利用现有点位；二是关注工作面的照度和均匀度，要同时满足就餐、考试需求；三是尽可能控制成本，并提升空间质感。

　　桌椅横平竖直地摆放在空间中，且材质色彩较深，空间的视觉重点仍在低位。我们希望改造后的空间能更开阔疏朗，因此最终采用了线形照明的方式。灯具排列形式和家具摆放方式相呼应，并设置朝顶面打亮的线形灯，用以强调顶部四面向中间倾斜的关系。顶面历经时间的洗礼，形成自然的斑驳肌理，也非常值得人们抬头一望。

设计手法

　　我们对线条灯的排列形式做了模拟实验，因为无法修改点位，所以围合排列不如平行排列方便，且平行方案的照度更加均匀，成本也更低。最终使用了 72 W 大功率无缝拼接吊线灯，底部采用软发光面覆盖连接点，在功率的分配上，通过计算采取"上六下四"的比例。最终效果与预期基本符合，清水混凝土墙面在线条灯的照亮下显得更加开阔，满足照度需求的同时，让人们更加关注顶面的肌理和造型。

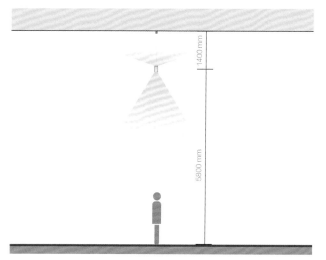

吊线灯照明示意图（制图：易宗辉）

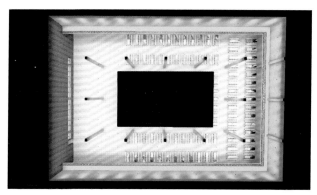

原点位计算鸟瞰图（制图：李威）

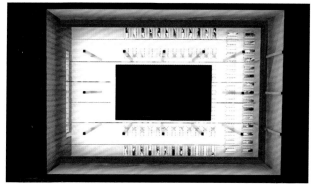

平行点位计算模拟图（制图：李威）

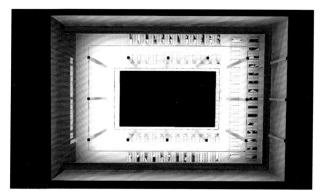

围合点位计算模拟图（制图：李威）

反思

　　本案的设计手法虽并不复杂，但思考逻辑和其他复杂的项目是一样的——在解决委托方基础需求的同时，探索照明设计的更多可能。灯具在空间中不仅起功能作用，也成为空间的重要组件。唯一遗憾之处是安装配件的选择，部分设备采用了后盖 U 槽吊线固定件，部分设备采用了铆钉式吊线固定件，而后者在朝上照明时会被灯光打亮。如果全部采用 U 槽吊线固定件，则空间体验感更完美。

从东南角看内场（摄影：雷徐君）

可见吊线铆钉固定件（摄影：雷徐君）

竖线条灯具和家具的关系（摄影：雷徐君）

从入口处看内场（摄影：雷徐君）

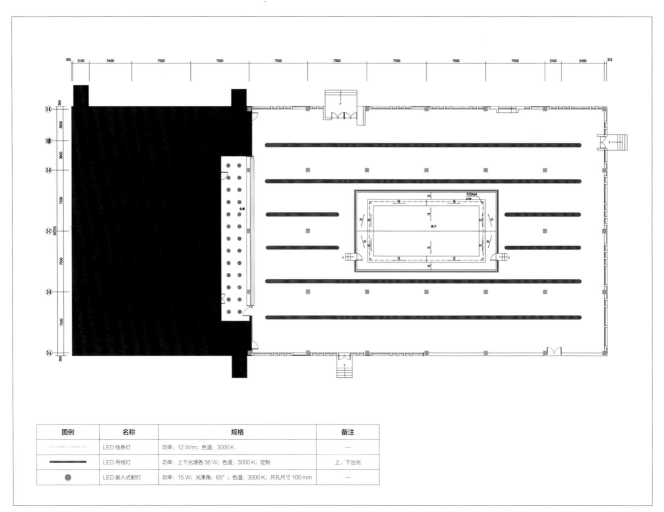

图例	名称	规格	备注
	LED 线条灯	功率：12 W/m；色温：3000 K	—
	LED 吊线灯	功率：上下光源各 56 W；色温：3000 K；定制	上、下出光
●	LED 嵌入式射灯	功率：15 W；光束角：65°；色温：3000 K；开孔尺寸 100 mm	—

顶面照明布灯图（制图：郑雯俊）

关于清水混凝土预埋灯

●藏的重要性

清水混凝土建筑照明设计的难点在于藏，不仅要藏灯具，也要藏电源管线。藏的目的是让灯具及管线在白天隐身，保证清水混凝土面的完整性和统一性。因此，灯具的隐藏以及前期一次成型的预埋工作就显得尤为重要。

通常，若想将明装式射灯嵌入清水混凝土顶面内，需在浇筑清水混凝土时，先放置尺寸合适的预埋件，且要确保产品能与预埋件匹配。

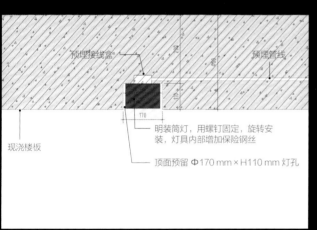

明装筒灯清水混凝土预埋安装示意图（制图：易宗辉）

●让灯具成为建筑的一部分，把灯光融入建筑结构

灯具常用的安装方式有嵌入式、明装、吊装、壁装。在清水混凝土界面上，嵌入式安装需要注意顶板的厚度是否满足所选灯具的高度；明装需注意接线盒的预埋与预留，遇到斜屋面时，还要考虑灯具的可旋转角度；吊装式安装需要考虑吊挂件的预埋安装与美观问题；壁装除了预埋管线和安装盘外，还要注意灯具的安装高度，以及如何将其固定在墙面上，确保安装牢固度。

●管线明敷和灯具明装

有些情况特殊的项目，不可避免地有管线明敷和灯具明装的情况，此时应注意管线和灯具顶面或墙面衔接的美观度，做到横平竖直。灯具宜选用简洁美观的款式，灯具的颜色也应和清水混凝土尽量接近，以保证完成面的统一性。

●其他

除以上几点外，预埋时灯具和驱动器、控制器通常距离较远，需要注意检修条件，控制传输距离。

嵌入式灯具	明装灯具	吊装灯具	壁装灯具

不同形式灯具安装示意图（制图：易宗辉）

乾塘餐厅
室内照明设计

照明设计：方方、易宗辉
委 托 方：杭州无形有行室内设计事务所
项目地点：浙江省杭州市
设计时间：2018 年
竣工时间：2018 年
建筑面积：400 m²

　　乾塘餐厅是一家以传统杭州菜为主打的餐厅。室内设计师以"宋"元素为设计灵感，和业主及各合作方一起，在这间不到 400 m² 的餐厅内碰撞出现代文明的火花。

理念

　　在这个辞义泛滥的时代，我们需要努力分辨并且不盲从别人给予的标签。照明设计师理解的项目，不仅是准确把握各项照明规范，更是借由项目背后的文化，明确对空间的解析和营造。宋朝抑武扬文，出现了大量极高水准的艺术作品。陈寅恪先生曾言：中国文化"造极于赵宋之世"。古代美学至宋朝达到高峰，要求绝对单纯，即克制的圆、方、素色、质感的单纯。

　　文化即灵感，对室内设计师是这样，对于照明设计师亦如此。从室内格局来看，本案的入口处、等候区、接待区、卡座区、明档区、明包区等用精心设计的屏风和装饰性元素进行分割和重组，视野的上、中、下区域都有亮点，整个空间紧凑而饱满。照明设计要使空间通透而不拥挤，细腻、柔和、绵长是我们对本案的风格定位。

　　我曾在若干短文里强调"克制"二字。知易行难，照明设计师的克制，即克制自己使用简单快捷的直接照明手法，花费更多时间理解空间的结构和细节，用更多、更精确的手法完成光线设计。

宫扇吊灯、座位的关系（摄影：王大丑）

设计手法

从入口处向内部观望，整个店堂一览无余，大面积的玻璃让内部就餐环境完全展示在外部通行客户的视线内，"欢迎"和"遮挡"成为虽然矛盾但必须处理的问题。

入口处有一个云气升腾的雾森苔藓造景盘，它和休息座凳设置一起。我们在此处设置重点照明，令升腾的雾气和隐于苔藓中的亭台楼阁交织出一片绮丽幻境，吸引过往的行人驻足。入口右侧是服务台，"乾塘"两字店招是入口处亮度最高的元素。

本案亟须解决的问题是让客人的视线在拥挤的店堂内找到舒缓的落点，透景屏风成为极佳选择。我们把灯带设置在屏风侧面包边内，透过半透明的夹锦玻璃散发出柔和的光线，为空间提供照明的同时，也为视线的转移找到落脚点，丰富视觉体验。

从外部可见右侧的五层的千里江山图喷绘大玻璃，我们在空腔内安装了常用于户外照明的大功率线条洗墙灯。大功率线条灯所发出的光穿透力较强，将多层玻璃的空灵感表现得淋漓尽致。

进入店堂内，中位照明的另一个重要元素是宫扇形状吊灯。这个灯具的结构分为两层，宫扇形部分隐藏了一圈软灯带，用于表现其轮廓，底部扇柄处隐藏的直接照明射灯用来照亮桌面。

明档区是餐厅的重要区域，在明档区上方的装饰格内放置了一排青瓷瓶，我们采用细部照明的方法将灯带暗藏在底部，向上进行照明。明档区菜品部分则通过柜下射灯和明厨内部光线提供高显色照度，以突出菜品，激发食欲。

顶面天花的分割和地面的曲线相呼应，光线处理也没有遗漏这里，整个空间的光线饱满而细腻，和预期效果基本一致。值得一提的是室内设计师利用投影灯将宋词名句照射在墙面上，光线的虚与实在空间中交织出有趣的用餐体验。

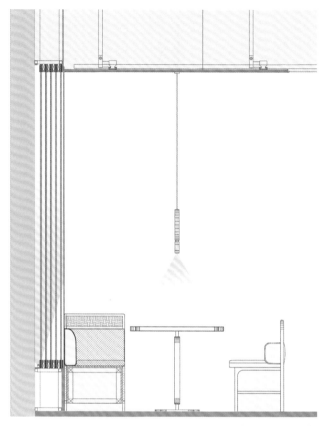

灯具安装剖面示意图（制作：易宗辉）

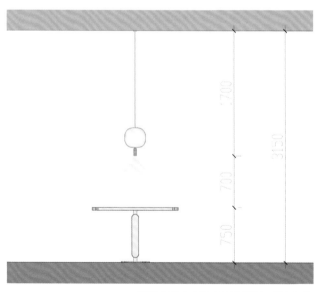

灯具安装高度示意图（制图：易宗辉）

从店堂外部看店面 1（摄影：王大丑）

从店堂外部看店面 2（摄影：王大丑）

入口处雾森苔藓造景（摄影：王大丑）

玻璃千里江山图（摄影：王大丑）

透景屏风的处理（摄影：王大丑）

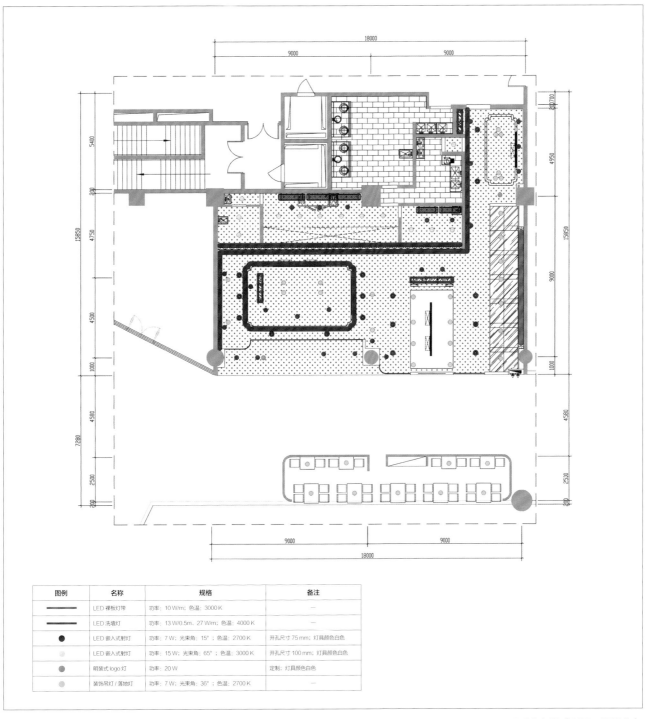

图例	名称	规格	备注
———	LED 裸板灯带	功率：10 W/m；色温：3000 K	—
———	LED 洗墙灯	功率：13 W/0.5m、27 W/m；色温：4000 K	—
●	LED 嵌入式射灯	功率：7 W；光束角：15°；色温：2700 K	开孔尺寸 75 mm；灯具颜色白色
○	LED 嵌入式射灯	功率：15 W；光束角：65°；色温：3000 K	开孔尺寸 100 mm；灯具颜色白色
●	明装式 logo 灯	功率：20 W	定制；灯具颜色白色
○	装饰吊灯 / 落地灯	功率：7 W；光束角：36°；色温：2700 K	—

顶面照明布灯图（制图：郑雯俊）

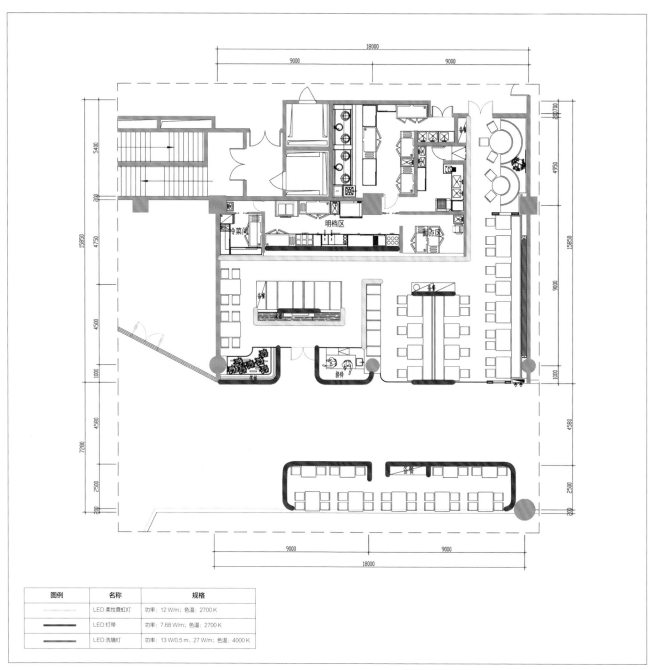

图例	名称	规格
	LED 柔性霓虹灯	功率：12 W/m；色温：2700 K
	LED 灯带	功率：7.68 W/m；色温：2700 K
	LED 洗墙灯	功率：13 W/0.5 m、27 W/m；色温：4000 K

平面照明布灯图（制图：郑雯俊）

室内空间发光字的照明设计

● 发光字的类型

发光字主要分为面发光、侧发光和背光三类，此处还有整体吸塑发光，可根据场景需要来选择。

发光字示意图（制图：易宗辉）

● 发光字灯带色温与空间色温保持一致

选择发光字时，既要注意灯带色温，也要关注发光面的色温，可选空间内较显眼的被照亮元素来做比对。

● 发光字的光源类型

目前，常用的发光字光源为 LED 软管光源，如果是追求个性化的空间，也可以选用霓虹灯管。霓虹灯的优点是挺直透亮，缺点是易碎，制作周期较长。近年来，360°管和 270°软管也常用来制作发光字，优点是制作快捷，缺点是连接线不易隐蔽，成品字体不够挺直。

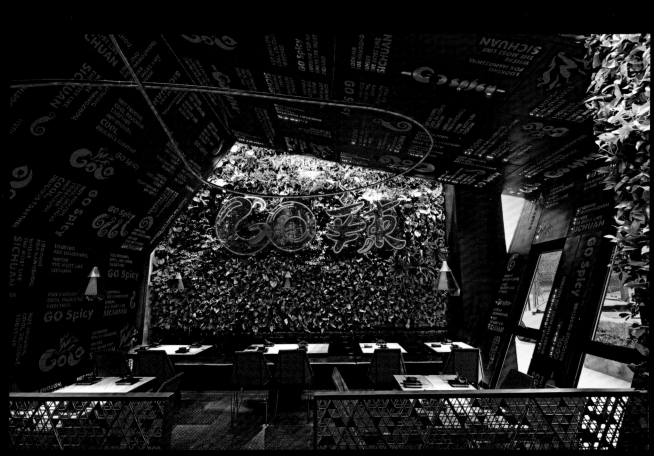

红色字体部分为玻璃霓虹灯管（摄影：易宗辉）

万科运河中心办公室

室内照明设计

照明设计：方方、易宗辉、李威、姚小雷
委　托　方：万境设计（WJ STUDIO）
项目地点：浙江省杭州市
设计时间：2020 年
竣工时间：2020 年
建筑面积：280 m²

　　万科运河中心办公室是一个小型办公空间，共有两层。一层从入口处被划分为两个部分，左侧是接待台和办公区，右侧是接待休闲区。二层局部架空，有两个会议室。

　　整个空间最有意思的是室内设计师对一层休闲区的设计，在一层西侧做了一整面墙的橱窗，内部用大量的刷白的机械构件组成了一件装置艺术品。其对面与走廊分割的墙面被做成镂空屏风，从办公区可以看到大面积的墙面装饰。空间主材的颜色为白色和原木色，地面使用灰色地毯，原本冷淡的灰色空间被温润的原木色和浪漫的装饰品装点得极为雅致。

一层休闲区（摄影：张锡）

设计

西侧墙面艺术装置的白色肌理墙面的反射能力较强，采用偏配光的线条灯，分别从上部和下部照亮。因墙面有突起的结构，如果灯具角度不合理，则会出现大量阴影，所以我们做了计算模拟，根据模拟结果与室内设计师沟通，调整橱窗深度和安装隐蔽结构。常规情况下，不建议在一个空间内混用不同色温灯具。在本案中为了使白色的艺术装置更有表现力，艺术装置处线条灯色温为4000 K，其他区域的色温则是3000 K。

对办公空间来说，最实用的照明莫过于对桌面的照明。我们采用下挂线条灯，并结合射灯，给予桌面基础照明。在以电脑办公为主的今天，对桌面的书写阅读照明要求不如以前那么高。对桌面的照明更多是一种氛围点亮，而非传统意义上的功能性需求。

接待台处有两层结构，底部靠近墙面的线条灯能让客人注意到这里，夹层的吊装机械装置和橱窗呼应。我们原计划使用整个发光膜结构，后来因为安装高度问题，调整为射灯。水吧台的背面层板线条灯有助于室内线条元素的塑造，前方的长桌作讨论之用，墙面的整个发光膜用来给会议讨论资料背光用。

思考

灯具是整个空间的重要组成部分，解析室内照明的原理和分析建筑是一致的，照明的发光强度远高于其他材料，因此要注重过犹不及。每个灯具的形状和发光面以及组成形式、对空间结构的表现层次，决定了空间的品质。比起建筑照明，室内的近人尺度要求这种分析和表达要更精确。"失之毫厘，谬以千里"，用尽量少的设备表达尽可能丰富、有趣的空间层次是我们一直追求的目标。

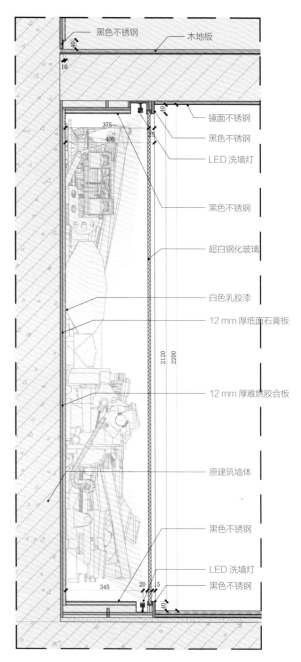

艺术装置剖面灯具安装示意图（制图：易宗辉）

艺术装置墙面和楼梯的关系（摄影：张锡）

艺术装置墙面和镂空屏风的关系（摄影：张锡）

透过镂空屏风看艺术装置墙面（摄影：张锡）

透过镂空屏风看办公区（摄影：张锡）

接待台背面的加强灯光和顶面镜面延伸了视觉空间高度（摄影：张锡）

从接待台看空间内线条的架构关系（摄影：张锡）

一层和夹层的关系（摄影：张锡）

两组装置的呼应关系（摄影：张锡）

夹层装置（摄影：张锡）

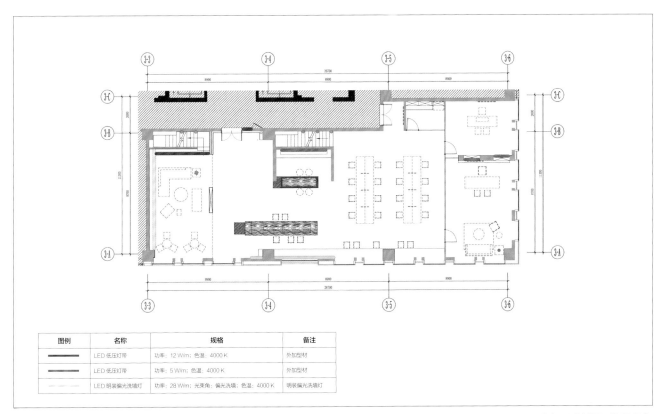

图例	名称	规格	备注
———	LED 低压灯带	功率：12 W/m；色温：4000 K	外加型材
———	LED 低压灯带	功率：5 W/m；色温：4000 K	外加型材
-----	LED 明装偏光洗墙灯	功率：28 W/m；光束角：偏光洗墙；色温：4000 K	明装偏光洗墙灯

一层平面照明布灯图（制图：郑雯俊）

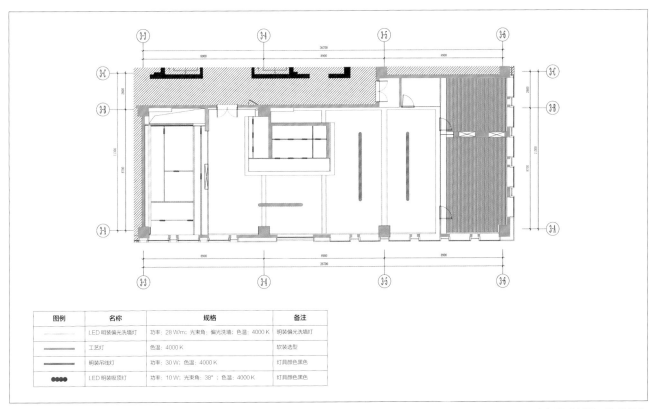

图例	名称	规格	备注
-----	LED 明装偏光洗墙灯	功率：28 W/m；光束角：偏光洗墙；色温：4000 K	明装偏光洗墙灯
———	工艺灯	色温：4000 K	软装选型
———	明装吊线灯	功率：30 W；色温：4000 K	灯具颜色黑色
●●●●	LED 明装吸顶灯	功率：10 W；光束角：38°；色温：4000 K	灯具颜色黑色

一层顶面照明布灯图（制图：郑雯俊）

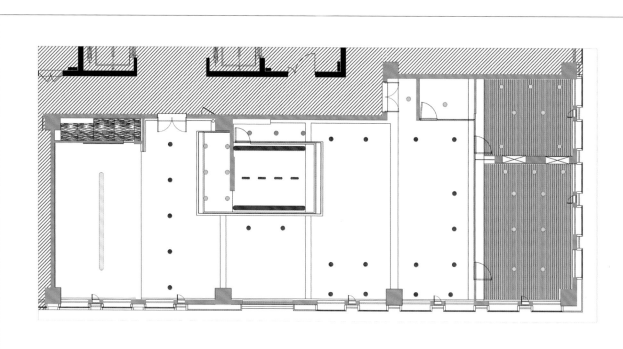

图例	名称	规格	备注
▬▬▬	LED 低压灯带	功率：12 W/m；色温：4000 K	外加型材
┄┄┄	LED 明装吊线灯	功率：40 W/m；色温：4000 K	上面发光 30%，下面发光 70%；灯具颜色黑色
◉	LED 嵌入式射灯	功率：15 W；光束角：24°；色温：4000 K；可调角度	开孔尺寸 75 mm；灯具颜色黑色
◉	LED 明装筒灯	功率：9 W；光束角：24°；色温：4000 K	灯具颜色黑色
●	LED 明装筒灯	功率：24 W；光束角：24°；色温：4000 K	发光点与设备最底端平行；灯具颜色黑色
○	LED 格栅灯	功率：20 W；光束角：48°；色温：4000 K；可调角度	灯具颜色黑色
●●●●	LED 明装吸顶灯	功率：10 W；光束角：38°；色温：4000 K	灯具颜色黑色

二层及夹层顶面照明布灯图（制图：郑雯俊）

专栏

接待台的照明设计

● **接待台照明类型**

接待台的照明设计重点是强调接待者的身份，让来客一眼即能识别。室内设计通常会给予其特别的造型或材质设计，对接待台的照明设计来说，有四个具体的操作方向：一是强调接待区的造型轮廓；二是强调背景墙，常用在高大空间的酒店接待台，通过强调背景墙的亮度，使其具备高识别度；三是照亮艺术装置或艺术摆件，如花瓶；四是利用吊灯或台灯增强中位照明元素。

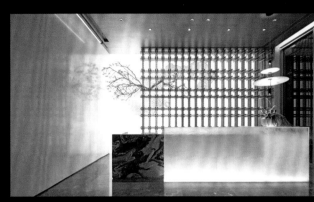

长兴兰园示范区接待台（摄影：张锡）

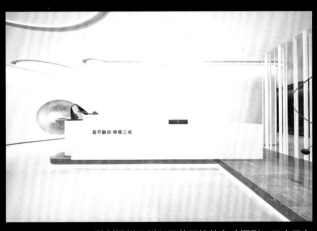

融创福州云州郡示范区接待台（摄影：王大丑）

绿城·云澜谷接待台（摄影：张锡）

● **对接待人员面部的照明**

对接待人员面部的照明需要避免头顶的射灯打下后，面部形成明显的轮廓阴影。可以调整面照明灯具的角度，在背后和侧面增加光源，或在台面处增加朝上的面部照明。

绍兴市恒利酒店接待台（摄影：易宗辉）

面部灯光照度模拟灰度图（制图：李威）

平阳县翡翠海岸城

建筑照明设计

照明设计：方方、易宗辉

委 托 方：融创东南集团公司

建筑设计：浙江南方建筑设计有限公司（U-DO 团队）

项目地点：浙江省温州市

设计时间：2021 年

竣工时间：2021 年

建筑面积：3500 m²

理念

如果在文学、音乐、美术，以及建筑、室内、景观等范畴中找一个通用的衡量美的标准，那么那一定和"韵律""节奏"有关。如果给韵律找几个关键词，那么它们可以是"重复、相似、变化"。

在翡翠海岸城项目中，我们可以看到材质相近、结构对称、变化有序的建筑坐落在一片开阔的原野上，借助其特征和场地来表达光线和建筑之间的虚实变化再合适不过了。虚实，即是光线和空气交融所产生的反应。

本案外部的框架结构纵深引导和框定了内部光线的延伸幅度。这样的结构容易让人联想到法国朗香教堂南面厚度超 1 m 的窗户，光线作为一种建筑材料，无论是外部天光还是内透的人工光，都最大限度地参与了建筑的构筑。这些窗户侧面粗糙的肌理是柯布西耶给予光线证明自己的载体。不仅是朗香教堂，苏州园林中的漏窗和月亮门也是光线表现具象物体空间的载体。

本案的照明设计表现的不仅仅是建筑本身的形式感和造型，本案在某些设计上与朗香教堂产生了共鸣。我们反常规而行，将照明设计的表现重点落在通过光线的延续和对剪影的塑造来表现建筑由内而外的张力。越是简洁的表达方式，越需要精确的设计手法。我们想通过内外光线退晕和正立面剪影形成的视觉冲击力来塑造建筑夜景。

东南面视角（摄影：王大丑）

设计手法

二层中间的大玻璃橱窗是视觉中心，在外部，我们用埋入式偏配光线条灯具打亮侧面实体墙，并结合室内设计，将内部可能形成阴影的下挂梁后移，安装向下的洗墙灯。在视线可及的二层、三层墙面都增加洗墙灯，营造开阔明亮的氛围。

正面的一层和二层，利用建筑本身的竖向形式分割墙体，在左右加装灯具，强调透出的光感。东西两侧的点睛之处是节奏变化的斜面墙，限于灯具尺寸问题，灯具不能一直安装到底。后期通过光影分析图验证可以接受的程度，竣工后整体节奏变化很有趣。

一层正面的节奏通过侧面洗亮来实现，内走廊采用隐蔽的射灯，对地面进行强调，其反射的光线使两个面也参与到建筑构造中。建筑背后的二层主门头采用了局部切割透出的方式，照明手法做了收敛处理。

勒·柯布西耶的朗香教堂（摄影：方方）

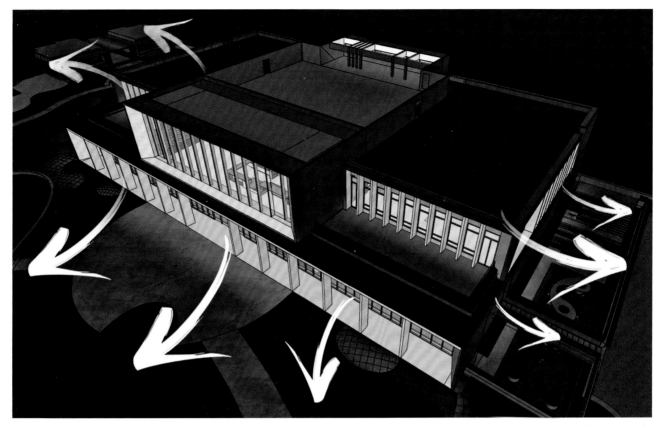

光线透出关系示意图（制图：方方）

反思

　　本案的照明设计手法并不复杂，照明重点在于精准表达。从具象到抽象，人类跨跃了数个文明阶段，但要精准地表现光线，需要反复试验、校准，对工期紧、预算低的本项目来说，更不容易。我们在努力改变传统建筑照明一定要"亮"的认知，认为与光同行，阴影同样必不可少。希望通过我们的努力使光线真正成为被重视的建筑语言。

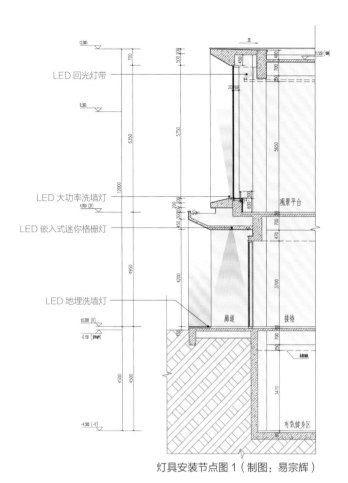

LED 回光灯带

LED 大功率洗墙灯

LED 嵌入式迷你格栅灯

LED 地埋洗墙灯

观景平台

廊道　接待

有氧健身区

灯具安装节点图 1（制图：易宗辉）

LED 地埋洗墙灯

露台

灯具安装节点图 2（制图：易宗辉）

西面视角（摄影：王大丑）

东面视角（摄影：王大丑）

西南面视角（摄影：王大丑）

南面视角近景（摄影：王大丑）

东南面视角（摄影：王大丑）

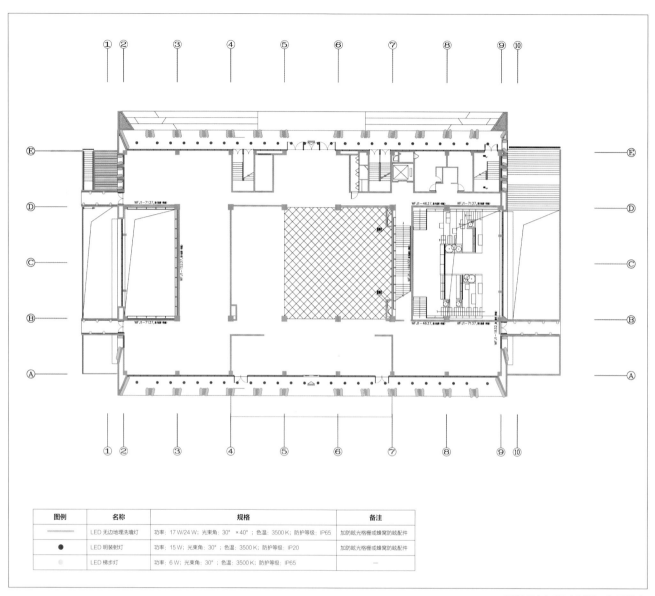

图例	名称	规格	备注
————	LED 无边地埋洗墙灯	功率：17 W/24 W；光束角：30° ×40°；色温：3500 K；防护等级：IP65	加防眩光格栅或蜂窝防眩配件
●	LED 明装射灯	功率：15 W；光束角：30°；色温：3500 K；防护等级：IP20	加防眩光格栅或蜂窝防眩配件
○	LED 梯步灯	功率：6 W；光束角：30°；色温：3500 K；防护等级：IP65	—

一层照明布灯图（制图：郑雯俊）

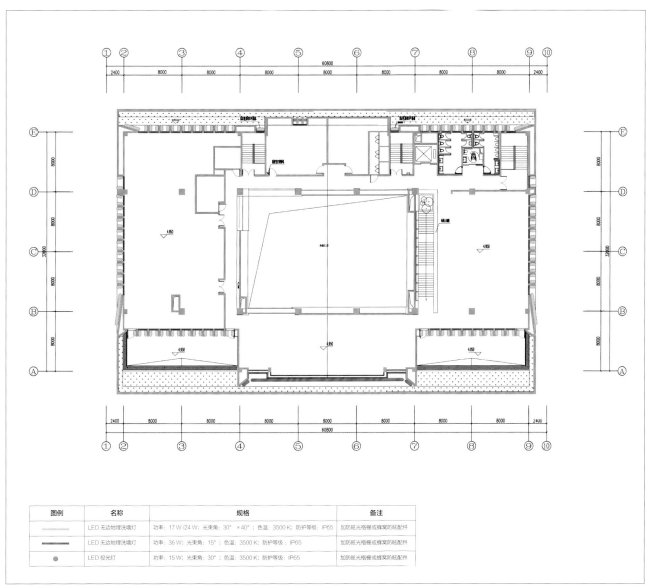

图例	名称	规格	备注
	LED 无边地埋洗墙灯	功率：17 W /24 W；光束角：30° ×40°；色温：3500 K；防护等级：IP65	加防眩光格栅或蜂窝防眩配件
	LED 无边地埋洗墙灯	功率：36 W；光束角：15°；色温：3500 K；防护等级：IP65	加防眩光格栅或蜂窝防眩配件
●	LED 投光灯	功率：15 W；光束角：30°；色温：3500 K；防护等级：IP65	加防眩光格栅或蜂窝防眩配件

二层照明布灯图（制图：郑雯俊）

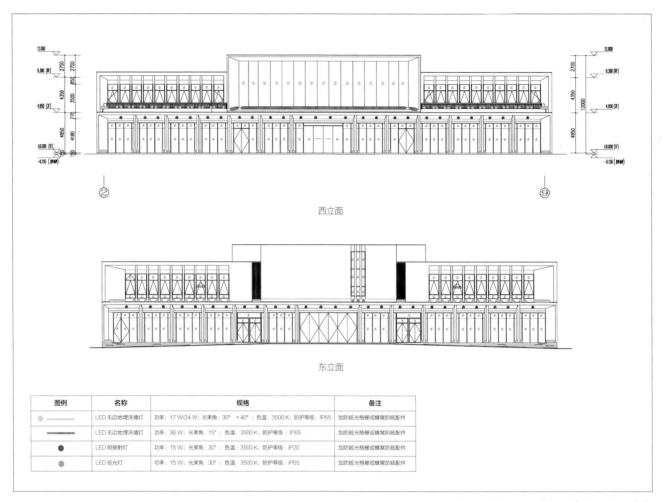

图例	名称	规格	备注
◉ ▬▬▬▬	LED 无边地埋洗墙灯	功率：17 W/24 W；光束角：30°×40°；色温：3500 K；防护等级：IP65	加防眩光格栅或蜂窝防眩配件
▬▬▬▬	LED 无边地埋洗墙灯	功率：36 W；光束角：15°；色温：3500 K；防护等级：IP65	加防眩光格栅或蜂窝防眩配件
●	LED 明装射灯	功率：15 W；光束角：30°；色温：3500 K；防护等级：IP20	加防眩光格栅或蜂窝防眩配件
●	LED 投光灯	功率：15 W；光束角：30°；色温：3500 K；防护等级：IP65	加防眩光格栅或蜂窝防眩配件

西立面和东立面照明布灯图（制图：郑雯俊）

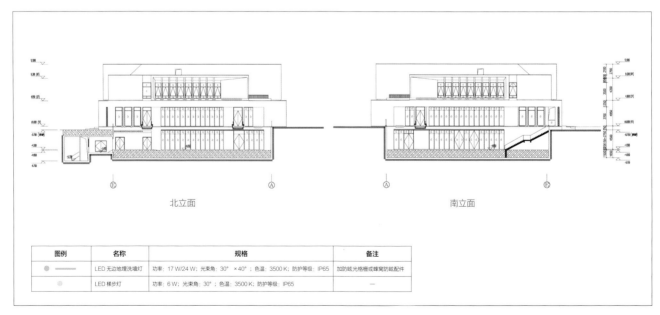

图例	名称	规格	备注
◉ ▬▬▬	LED 无边地埋洗墙灯	功率：17 W/24 W；光束角：30°×40°；色温：3500 K；防护等级：IP65	加防眩光格栅或蜂窝防眩配件
●	LED 梯步灯	功率：6 W；光束角：30°；色温：3500 K；防护等级：IP65	—

北立面和南立面照明布灯图（制图：郑雯俊）

运用地埋灯的注意事项

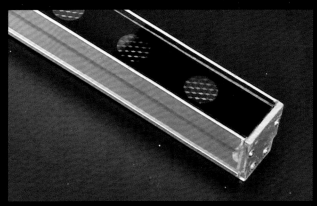

蜂窝片防眩灯具（摄影：易宗辉）

地埋灯是建筑照明中常用的设计手法，具体实践中经常遇到以下问题：

● 埋入高度问题

低压圆形地埋灯的结构包含两个部分，上部分光源和下部分驱动。常规的埋入高度和功率密切相关，功率高，则高度要求高；有地下室的建筑，结构层到完成面高度仅有 110 mm 左右，选型时需特别注意。必要时可选择单颗功率更大的灯具或通过加高埋入结构来调整。

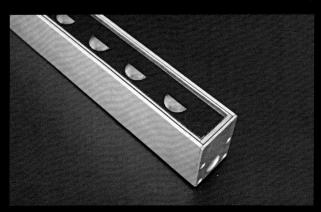

丝印防眩灯具（摄影：易宗辉）

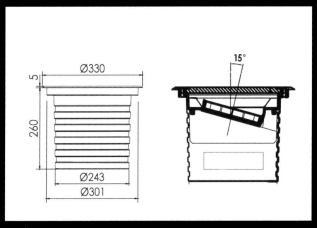

灯具结构示意图（制图：易宗辉）

● 光束角问题

地埋灯有圆形和线条形。圆形地埋灯的光斑主要分为对称型和非对称型。光斑为对称型的灯具以没有副光斑为佳；光斑为非对称型的灯具主要作为洗墙灯具，对配光要求较高，距离被照面的安装距离也比较精确。线条形灯具通常为椭圆形配光灯，要注意光束角为剖出角度，决定上照洗墙高度大小。

● 眩光问题

地埋灯常被设置于人流密集的区域，防眩光手法包括蜂窝片防眩、透镜防眩、丝印防眩等，不同防眩技术灯具的造价不同。防眩光手法并非越多越好，不同方法带来的光通量损耗也不同，需要根据实际情况来选择。

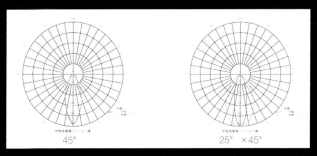

配光曲线示意图（制图：易宗辉）

温州市江山云起

建筑照明设计

照明设计：方方、易宗辉、钱益航、李威
委 托 方：融创东南集团公司
建筑设计：line+ 建筑事务所
项目地点：浙江省温州市
设计时间：2021 年
竣工时间：2021 年
建筑面积：1400 m²

江山云起项目位于浙江省温州市滨江商务区核心地段，临近瓯江及杨府山景区。项目旨在建造一座充满活力且向公共开放的高品质建筑，建筑设计师提出了"场景叠加"和"空间置换"的平面布局方案。

在我们看来，建筑最有趣的点是叠加交错的形体关系，以及东端弯曲弧形铝板墙面和平面铝板之间的对比关系。建筑的南北面任务不同，南面弧形铝板墙面有三角形穿孔板结构，北面有大面积落地玻璃，建筑外观夜景的标识只能依靠铝板折出的飘檐来实现。

设计手法

南面的处理重点是二层外立面弧形造型的表现，我们采用了两种照明手法：一种是在外部幕墙底部加装一条灯具安装板，在外部安装线条形洗墙灯，照亮曲面造型；二是在三角形穿孔区域内部补充一条窄角度线条灯，洗亮内部空间。这里的内部空腔需要刷白，并且尽量保证没有阻挡灯光角度的杂物，让镂空板体形完整干净。一层位置，我们在玻璃幕墙的内部设置了挡墙，以线形光洗亮，并给落地玻璃部分的卷帘补充了照明，上下形成交错关系。

在东面和北面，由于挑檐是铝板折边而成的，灯光应尽量与其垂直，避免平行光线擦出铝板不平整的表面。我们在落地玻璃的底部请幕墙专业人员留出安装槽，选取适中角度，朝上照亮挑檐。背面的铝板曲线和其在园区内水池的倒影形成上下呼应的关系。

为了强调叠加关系，在东面一层立面，我们把灯具安装在玻璃幕墙内部。这里特别留出了一面挡墙，形成通透的视觉效果。

东面视角（摄影：张锡）

建筑造型（图片来源：line+ 建筑事务所）

南入口视角（摄影：张锡）

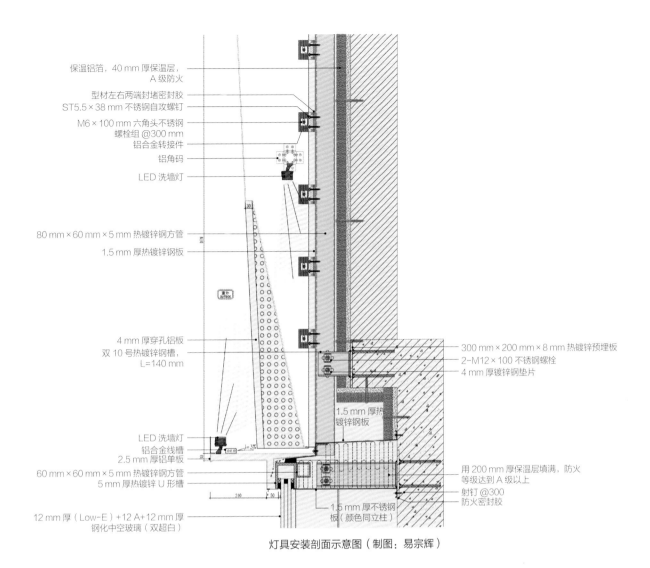

保温铝箔，40 mm 厚保温层，A 级防火

型材左右两端封堵密封胶

ST5.5 × 38 mm 不锈钢自攻螺钉

M6 × 100 mm 六角头不锈钢螺栓组 @300 mm

铝合金转接件

铝角码

LED 洗墙灯

80 mm × 60 mm × 5 mm 热镀锌钢方管

1.5 mm 厚热镀锌钢板

4 mm 厚穿孔铝板

双 10 号热镀锌钢槽，L=140 mm

LED 洗墙灯

铝合金线槽

2.5 mm 厚铝单板

60 mm × 60 mm × 5 mm 热镀锌钢方管

5 mm 厚热镀锌 U 形槽

12 mm 厚（Low-E）+12 A+12 mm 厚钢化中空玻璃（双超白）

300 mm × 200 mm × 8 mm 热镀锌预埋板

2-M12 × 100 不锈钢螺栓

4 mm 厚镀锌钢垫片

1.5 mm 厚热镀锌钢板

用 200 mm 厚保温层填满，防火等级达到 A 级以上

射钉 @300

防火密封胶

1.5 mm 厚不锈钢板（颜色同立柱）

灯具安装剖面示意图（制图：易宗辉）

东面及内庭院入口（摄影：张锡）

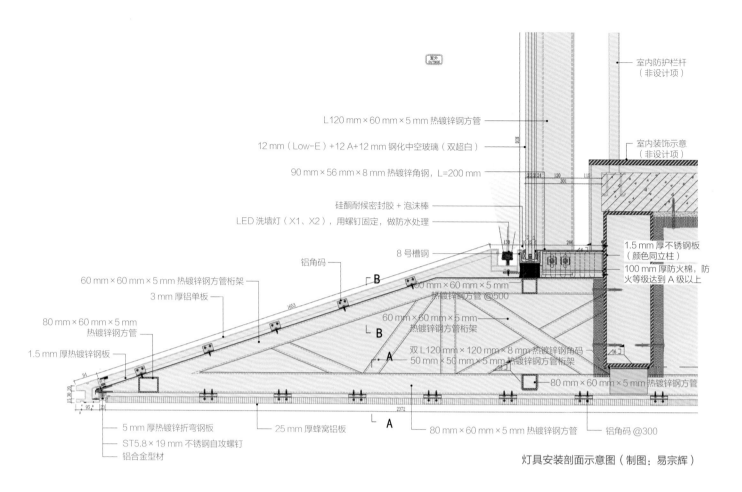

室外
OUTSIDE

L120 mm×60 mm×5 mm 热镀锌钢方管

12 mm（Low-E）+12 A+12 mm 钢化中空玻璃（双超白）

90 mm×56 mm×8 mm 热镀锌角钢，L=200 mm

硅酮耐候密封胶＋泡沫棒

LED 洗墙灯（X1、X2），用螺钉固定，做防水处理

8 号槽钢

铝角码

60 mm×60 mm×5 mm 热镀锌钢方管桁架

3 mm 厚铝单板

80 mm×60 mm×5 mm 热镀锌钢方管

1.5 mm 厚热镀锌钢板

室内防护栏杆（非设计项）

室内装饰示意（非设计项）

1.5 mm 厚不锈钢板（颜色同立柱）

100 mm 厚防火棉，防火等级达到 A 级以上

60 mm×60 mm×5 mm 热镀锌钢方管 @500

60 mm×60 mm×5 mm 热镀锌钢方管桁架

双 L120 mm×120 mm×8 mm 热镀锌钢角码

50 mm×50 mm×5 mm 热镀锌钢方管桁架

80 mm×60 mm×5 mm 热镀锌钢方管

5 mm 厚热镀锌折弯钢板

ST5.8×19 mm 不锈钢自攻螺钉

铝合金型材

25 mm 厚蜂窝铝板

80 mm×60 mm×5 mm 热镀锌钢方管

铝角码 @300

灯具安装剖面示意图（制图：易宗辉）

西面视角（摄影：张锡）

星空顶示意图（制图：易宗辉）

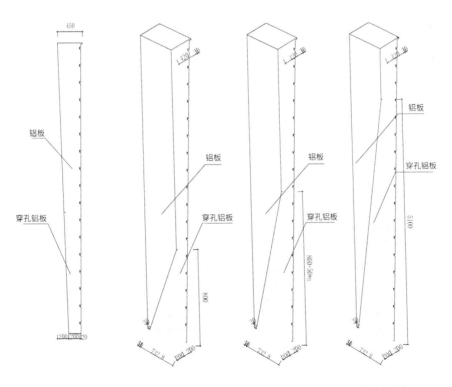

单元铝板造型及控制参数示意图（图片来源：line+ 建筑事务所）

南面视角（摄影：张锡）

反思

　　本案的最终效果远超我们的预期，通过柔和的铝板反射，灯光重新勾勒了建筑形体，弯曲的建筑造型极具视觉冲击力，各种直线条和曲线的对比，以及其在空间中的穿行，都能引人深思，符合立项之初确立的开放型区域的定位。遗憾之处是原先在底板位置设计有星空光纤灯，最终采用了蜂窝铝板。如果得以实现，那么星空和水面互相映衬下所形成的波光粼粼的效果将更美。

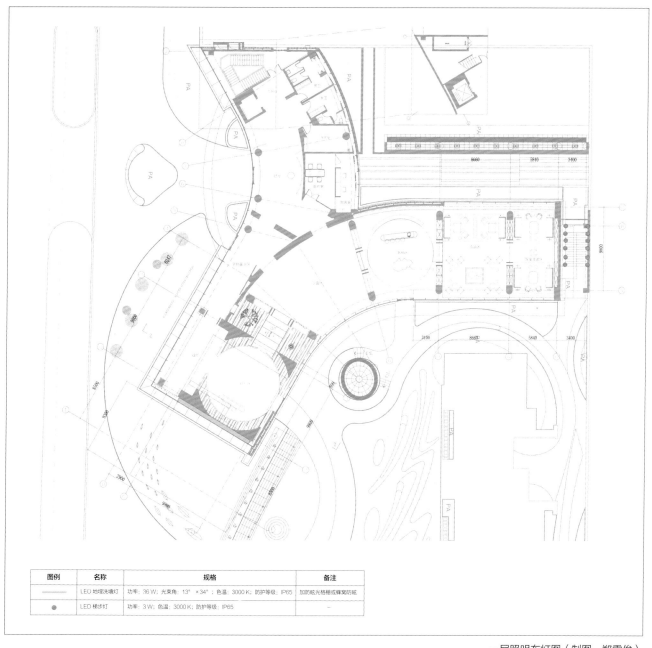

图例	名称	规格	备注
—	LED 地埋洗墙灯	功率：36 W；光束角：13°×34°；色温：3000 K；防护等级：IP65	加防眩光格栅或蜂窝防眩
●	LED 梯步灯	功率：3 W；色温：3000 K；防护等级：IP65	—

一层照明布灯图（制图：郑雯俊）

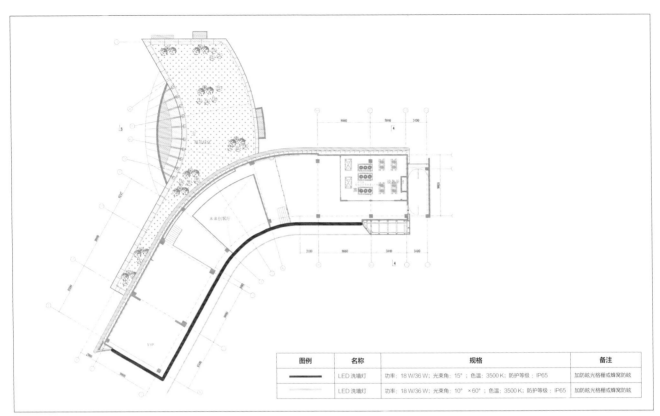

图例	名称	规格	备注
▬▬▬	LED 洗墙灯	功率：18 W/36 W；光束角：15°；色温：3500 K；防护等级：IP65	加防眩光格栅或蜂窝防眩
▬▬▬	LED 洗墙灯	功率：18 W/36 W；光束角：10°×60°；色温：3500 K；防护等级：IP65	加防眩光格栅或蜂窝防眩

二层照明布灯图（制图：郑雯俊）

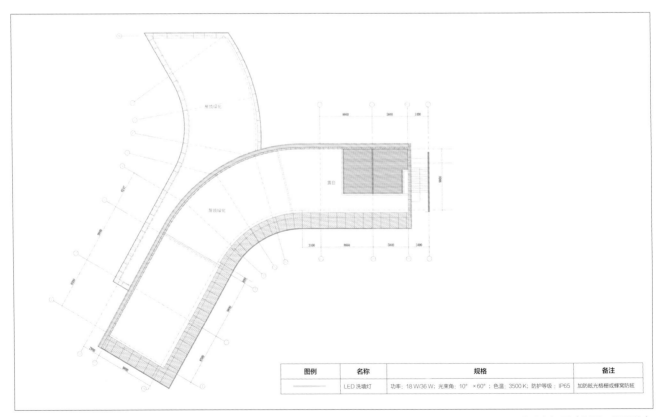

图例	名称	规格	备注
▬▬▬	LED 洗墙灯	功率：18 W/36 W；光束角：10°×60°；色温：3500 K；防护等级：IP65	加防眩光格栅或蜂窝防眩

三层照明布灯图（制图：郑雯俊）

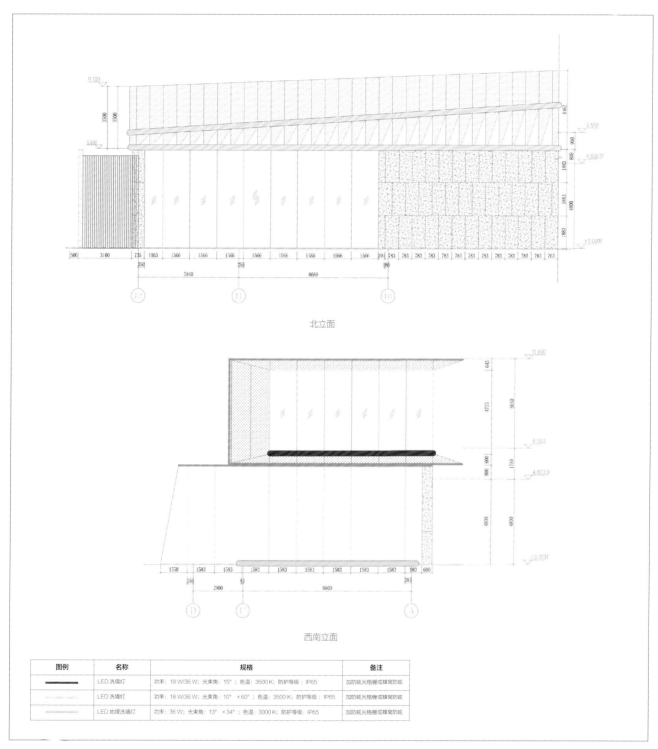

北立面

西南立面

图例	名称	规格	备注
▬▬▬	LED 洗墙灯	功率：18 W/36 W；光束角：15°；色温：3500 K；防护等级：IP65	加防眩光格栅或蜂窝防眩
▬▬▬	LED 洗墙灯	功率：18 W/36 W；光束角：10°×60°；色温：3500 K；防护等级：IP65	加防眩光格栅或蜂窝防眩
▬▬▬	LED 地埋洗墙灯	功率：36 W；光束角：13°×34°；色温：3000 K；防护等级：IP65	加防眩光格栅或蜂窝防眩

北立面和西南立面照明布灯图（制图：郑雯俊）

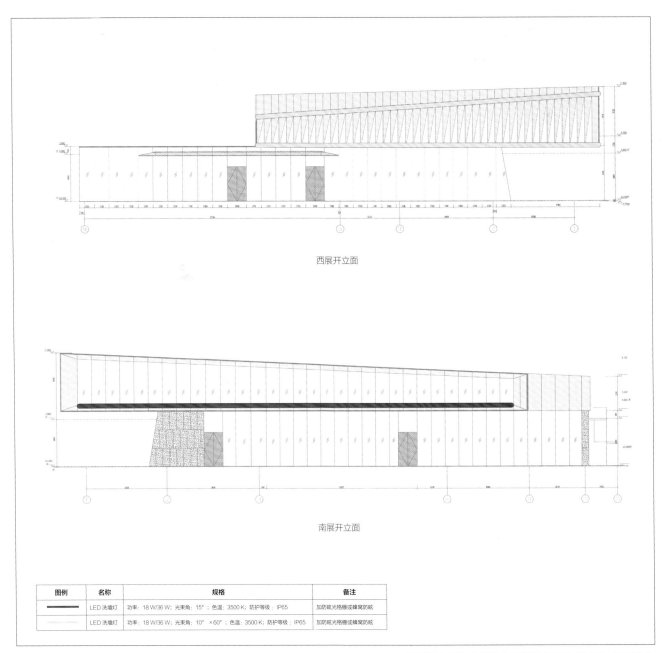

西展开立面

南展开立面

图例	名称	规格	备注
▬▬	LED 洗墙灯	功率：18 W/36 W；光束角：15°；色温：3500 K；防护等级：IP65	加防眩光格栅或蜂窝防眩
┄┄	LED 洗墙灯	功率：18 W/36 W；光束角：10°×60°；色温：3500 K；防护等级：IP65	加防眩光格栅或蜂窝防眩

西展开立面和南展开立面照明布灯图（制图：郑雯俊）

穿孔板立面照明设计要点

对穿孔板的照明设计，应明确表现需求是突出穿孔板还是建筑外观，不同需求对应不同的照明手法。

● 采用外部泛光的照明手法

应尽量将设备远离铝板表面，避免表面变形，且设备会影响造型。穿孔大小会直接影响外部载光能力和幕墙面的观感。如果是弧形墙面，则还要特别注意穿孔板在运输和安装过程中的变形问题。

● 采用内部照亮空腔的方式

如果是上下洗亮的方式，应避免内部错综复杂结构的投影，尽量采用竖龙骨，避免横龙骨投影。为了提高内部的反射率，建议使用白色或浅色反光材料；穿孔板内部应保证一定的反射和检修空间，建议空腔厚度大于300 mm。

应尽量避免内部有窗户等不可控的透光元素。如果一定要有，则应保证室内空间光的色温及主材颜色和外部一致，同时注意穿孔板空隙，太大会暴露内部灯体，太小有可能导致透光率不足。满布灯带的做法需要在穿孔板背后设置亚光玻璃或耐候透光板，遮挡光源。

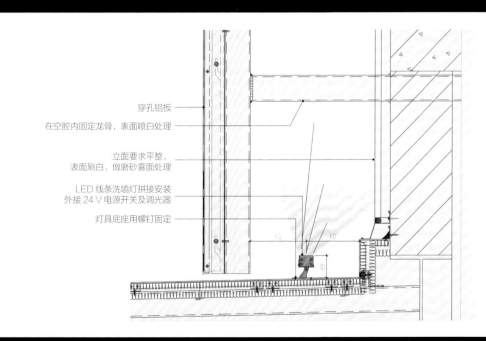

穿孔铝板
在空腔内固定龙骨，表面喷白处理
立面要求平整，表面刷白，做磨砂雾面处理
LED 线条洗墙灯拼接安装外接 24 V 电源开关及调光器
灯具底座用螺钉固定

穿孔板内透灯光节点示意图（制图：易宗辉）

项目获奖信息

年份	奖项名称	获奖项目	奖项详情
2023	中照照明奖	杭州国家版本馆	一等奖
	美国 IES 照明奖	杭州国家版本馆	优异奖
	悉尼设计奖	南昌市蔚来汽车"牛屋"	金奖
	美国 Architizer A+ 奖	上虞博物馆	入围奖
	AALD 亚洲照明设计奖	上虞博物馆、杭州国家版本馆	优异之光奖
2022	美国国际设计奖（IDA）	上虞博物馆	年度建筑设计金奖
	美国国际设计奖（IDA）	杭州国家版本馆、万科运河中心办公室	建筑照明荣誉奖
	美国国际设计奖（IDA）	南昌市蔚来汽车"牛屋"	建筑照明荣誉奖
	MUSE（美国缪斯）设计奖	万科运河中心办公室	室内照明金奖
	MUSE（美国缪斯）设计奖	南昌市蔚来汽车"牛屋"	室内照明银奖
	中照照明奖	上虞博物馆	二等奖
	中照照明奖	杭州市运河大剧院、万科运河中心办公室	三等奖
	伦敦设计奖（LDA）	上虞博物馆	照明设计金奖
	伦敦设计奖（LDA）	杭州国家版本馆、南昌市蔚来汽车"牛屋"、余姚市桃李春风生活馆	照明设计银奖
	美国照明设计奖（LIT）	上虞博物馆	外部建筑照明优胜奖
	美国照明设计奖（LIT）	杭州国家版本馆	外部建筑照明 / 景观照明优胜奖
	美国照明设计奖（LIT）	余姚市桃李春风生活馆	外部建筑照明优胜奖
	美国照明设计奖（LIT）	南昌市蔚来汽车"牛屋"	室内建筑照明荣誉奖
	IALD 国际照明设计奖	融创｜龙岩·观樾台示范区	特别奖
2021	美国国际设计奖（IDA）	温州市江山云起	建筑照明金奖
	美国国际设计奖（IDA）	万科运河中心办公室、福州市船政书局	室内设计室外照明银奖
	美国国际设计奖（IDA）	杭州市运河大剧院	室内设计外景照明荣誉奖
	美国照明设计奖（LIT）	万科运河中心办公室	办公场所照明奖优胜奖
	美国照明设计奖（LIT）	福州市船政书局、杭州市运河大剧院	室内建筑照明优胜奖
	美国照明设计奖（LIT）	温州市江山云起、融创｜龙岩·观樾台示范区、平阳县翡翠海岸城	外部建筑照明优胜奖
2020	伦敦设计奖（LDA）	平阳县翡翠海岸城	照明设计银奖
	美国国际设计奖（IDA）	平阳县翡翠海岸城	建筑照明铜奖
	AALD 亚洲照明设计奖	融创｜龙岩·观樾台示范区	特别之光奖
	AALD 亚洲照明设计奖	富春山馆	非凡之光奖
	美国照明设计奖（LIT）	融创｜龙岩·观樾台示范区	外部建筑照明优胜奖
2019	美国照明设计奖（LIT）	中国国际设计博物馆	室内建筑照明优胜奖
	美国照明设计奖（LIT）	方方	年度最佳设计师奖
	美国照明设计奖（LIT）	钱塘餐厅	室内建筑照明荣誉奖
	美国国际设计奖（IDA）	富春山馆	室外灯光荣誉奖
	AALD 亚洲照明设计奖	中国国际设计博物馆	优异之光奖